DR. HELGA HOFMANN

Bäume und Sträucher

Liebe Leserin, lieber Leser,

immer mehr Menschen entdecken ihre Liebe zur Natur, zu den kleinen und großen Wundern am Wegesrand, im Garten, auf Wiesen und Feldern, an Bächen und Flussläufen oder im Wald. Man kann bei ihrer Betrachtung den Alltag abstreifen, staunend verweilen und sich in ihrer augenfälligen Schönheit verlieren. Sie führt uns zu uns selbst zurück und erinnert uns daran, dass sie wegen ihrer Zerbrechlichkeit schützenswert ist und unserer Fürsorge und Verantwortung bedarf.

Mit dem Naturführer, den Sie in Ihren Händen halten, können Sie diesen Wundern der Natur auf Augenhöhe begegnen. Im Unterschied zu anderen Büchern haben wir bei der Vorstellung und Beschreibung der Bäume und Sträucher nicht nur Wert auf biologische Richtigkeit und gelingsichere Handhabung bei der Bestimmung gelegt, sondern auch einen Zugang gewählt, der Ihnen den Zauber und die Schönheit der einheimischen Arten durch eine neuartige Fotoästhetik nahebringt. Jede einzelne Doppelseite in diesem Band wurde dafür eigens gestaltet, mit dem Ziel, Ihnen das Erlebnis der Nähe zu ermöglichen. Unser Anspruch war dabei nicht die Vollständigkeit aller Arten, sondern eine stichhaltige und populäre Auswahl der Bäume und Sträucher, die Sie tatsächlich in der Natur, in Gärten und in Parkanlagen antreffen werden und mit diesem Buch sicher bestimmen können. Die kleinen Geschichten, die wir dabei erzählen, werden sich nachhaltig in Ihre Erinnerung einprägen – damit sie von Ihnen weitergegeben werden.

Mit herzlichem Gruß

Georg Kessler
Der Herausgeber

Bäume und
Sträucher

Die faszinierende Welt der Bäume und Sträucher

Eine Welt ohne Bäume und Sträucher ist kaum vorstellbar. Wilde Wälder faszinieren und ziehen Wanderer und Spaziergänger in ihren Bann. In Städten, inmitten grauer Betonfassaden, empfinden wir das Grün von Parks und Straßenbäumen als ausgesprochen wohltuend. Am Stadtrand und in kleineren Ortschaften geben Bäume und Sträucher unseren Gärten eine ansprechende Struktur. Und die offene Kulturlandschaft mit Feldern und Wiesen wäre ohne dazwischen stehende Gehölze trist und eintönig.

BÄUME ALS MYTHISCHE WESEN UND SYMBOLTRÄGER

Seit eh und je suchen die Menschen die Nähe von Bäumen – nicht nur, weil sie sie einfach schön finden, auch, weil sie sich immer schon gern in den Schutz ihrer mächtigen Kronen begaben. Und wohl auch, weil sie seit ältester Zeit in den menschlichen Mythen und

Was wäre ein Dorfplatz ohne einen großen, alten Baum, in dessen Schatten man sich ausruhen oder zu einem Schwätzchen treffen kann?

Ein Symbol der Standhaftigkeit! Was mag die knorrige alte Eiche schon alles gesehen haben in den Jahrhunderten ihres langen Lebens?

Sagen eine Rolle spielen. Ob sich die Germanen vor der allumfassenden Weltenesche Yggdrasil verbeugten oder in der Linde ihre Göttin Freya verehrten, ob Frau Holle als guter Geist im Holunderbusch wohnt – Bäume und Sträucher wurden vielfach mit höheren Wesen in Verbindung gebracht.

In der Vergangenheit trafen sich Dorfgemeinschaften zur Rechtsprechung oft unter einer großen Linde oder man pflanzte einen Baum zur Bekräftigung eines Friedensschlusses, als Symbol für Dauerhaftigkeit. Viele Familien pflanzen auch heute noch einen Apfelbaum neben dem Haus, wenn ein Kind geboren wird. Dieser soll dem neuen Erdenbürger Wohlstand und ein langes Leben bescheren.

Auch geselliges Lachen wurde von so mancher Baumkrone beschirmt, denkt man nur an die breite Tanzlinde, die früher auf jedem Dorfplatz stand. Und noch findet man in Bayern keinen Biergarten ohne Schatten spendende Kastanienbäume.

Lebendige Zeitzeugen der Geschichte

Je größer und älter der Baum, desto ehrfurchtsvoller sehen die Menschen zu ihm auf. Wie klein und unbedeutend kommt man sich vor, wenn man im Schatten eines mächtigen Baumriesen steht und nachrechnet, wann dieser das Licht der Welt erblickte und was er wohl schon alles gesehen hat. So steckte Europa zum Beispiel noch im tiefsten Mittelalter, als die 1000-jährige Eiche im österreichischen Bad Blumau gerade ein Keimling war.

Als älteste Bäume Europas gelten die sogenannten Urlärchen im Südtiroler Ultental. Die drei rüstigen Exemplare haben bereits römische Kohorten über die Alpenpässe marschieren sehen. Woher man das weiß? Bei einer vierten Lärche, die 1930 im Sturm umstürzte, zählte man über 2000 Jahresringe. Ihre noch lebenden Schwestern werden von Fachleuten auf ein ähnliches Alter geschätzt.

ARTENVIELFALT UND VERBREITUNG

Von Natur aus sind in Mitteleuropa gerade mal gut drei Dutzend Baumarten heimisch. Zu verdanken haben wir diese Artenarmut den letzten Eiszeiten, denen eine Vielzahl einst hier wachsender, aber wärmebedürftiger Arten zum Opfer fiel. Außerdem bilden die hohen Gebirge der Alpen, Pyrenäen und Karpaten nach Süden hin eine Bar-

Mit wahrhaft exotischer Üppigkeit schmückt der Blauregen unsere Fassaden und Gärten. Seine Heimat ist das Land der Mitte, China.

riere, die Gehölze bei ihrer Ausbreitung kaum überwinden können. Diese verhinderte nach dem Schmelzen des Eises eine Rückeinwanderung. Aus diesem Grund setzen sich unsere natürlichen Wälder bis heute aus einer überschaubaren Zahl von Baumarten zusammen. Ergänzt werden diese von rund 100 heimischen Arten von Sträuchern.

Ursprünglich war die Rosskastanie auf dem Balkan und in Westasien zu Hause. Schon vor rund 400 Jahren brachte man sie auch nach Mitteleuropa, wo sie rasch heimisch wurde.

Die Rolle des Menschen

Doch der Mensch war nicht so recht zufrieden mit dem, was er in der Natur bei uns vorfand. Schon seit dem Mittelalter und bis heute brachte er aus fernen Ländern Pflanzen, die ihm gefielen und nützlich schienen, mit in die Heimat. Auf diese Weise kamen zahllose fremdländische Gehölze zu uns, solche mit schmackhaften Früchten ebenso wie solche mit reichem Blütenschmuck. Vielen der neuen Zier- und Obstgehölze gelang der Sprung aus Parks und Gärten hinaus in die freie Natur nicht, andere Arten kamen mit unserem Klima so gut zurecht, dass sie verwildern konnten. Sie breiteten sich in ihrem neuen Lebensraum auch unabhängig vom Menschen aus. Walnuss und Rosskastanie sind Beispiele für solche erfolgreichen Einwanderer, auch der Sommerflieder hat sich längst in unserer Landschaft verselbstständigt.

Waldzuwachs

Nicht nur die Gärtner, auch die Forstwirte entdeckten und nutzten fremdländische Gehölze. Die Folge ist, dass heute Nordmanntanne, Douglasie und etliche andere raschwüchsige Holzlieferanten aus dem Ausland unsere heimischen Wälder bereichern.

Alles in allem finden sich gegenwärtig in der mitteleuropäischen Kulturlandschaft, also in Forsten und Feldern, Parks und Gärten, rund 500 unterschiedliche Gehölzarten.

WALD FRÜHER UND HEUTE

Mitteleuropa ist Waldland. Das war früher so und ist heute so. Doch hat der Wald im Lauf der Geschichte sein Gesicht mächtig verändert.

Noch zur Zeit der Römer war ganz Germanien von riesigen Urwäldern bedeckt, düster und weglos, unterbrochen nur von Sümpfen und Seen. Im Gegensatz zu heute beherrschten Laubbäume die Wälder, allen voran Eichen. Lediglich in den Kammlagen der Gebirge dominierten Nadelbäume.

In den folgenden Jahrhunderten nahm die Bevölkerung stark zu, und der Wald wurde entsprechend gerodet. Aber bis ins 19. Jahrhundert hinein blieb der immer noch unwegsame Wald für die meisten eine eher beängstigende Umgebung. Man konnte sich darin verlaufen, Räuber trieben dort ihr Unwesen und wilde Tiere bedrohten den Waldgänger. Zahlreiche unserer Märchen wissen ein Lied davon zu singen.

Heute sind nur noch rund 30 Prozent der Bodenfläche Deutschlands von Wald bedeckt, doch diese 30 Prozent werden hoch geschätzt. Und niemand fürchtet sich mehr im Wald. Im Gegenteil. Wir gehen

Beim Namen genannt

Weil es für viele Pflanzen mehrere deutsche Namen gibt, die oft regional unterschiedlich gebraucht werden, bedienen sich Fachleute meist der wissenschaftlichen Artnamen. Diese haben internationale Gültigkeit und sind damit eindeutig.
Die von lateinischen oder griechischen Begriffen hergeleiteten Namen bestehen stets aus zwei Teilen. Das erste Wort bezeichnet die Verwandtschaftsgruppe (Gattung), zum Beispiel Salix *für die Weiden, der zweite Namensteil benennt die Art, etwa* Salix alba, *die Silberweide.*
Ist das Gehölz durch eine Kreuzung aus zwei Arten entstanden, wird dies mit einem »×« im Namen gekennzeichnet, so zum Beispiel bei der Graupappel Populus × canescens.

gerne im Wald spazieren, genießen dort das viele Grün um uns herum und betrachten Wanderungen durch Waldlandschaften als Erholung pur.

WUCHSFORMEN VON GEHÖLZEN

Schlank und breit, kriechend und kletternd, zwergenhaft und riesig – Gehölze findet man in höchst unterschiedlichen Formen. In erster Linie ist die Wuchsform zweifellos im Erbgut der Art verankert, doch auch der Standort der einzelnen Pflanze hat oft einen entscheidenden Einfluss.

Baum oder Strauch?

Eines ist allen Bäumen und Sträuchern, so unterschiedlich sie auch aussehen mögen, gemeinsam: Ihr Gerüst, von der dicken Sprossachse bis zu den feinsten Zweigen, ist verholzt. Holz ist ein sehr hartes pflanzliches Material, das den Gehölzen Stabilität und Dauerhaftigkeit verleiht und sie weitgehend winterfest macht.

Bäume zeichnen sich vor allem durch einen astfreien Stamm aus. Dieser kann, insbesondere im Wald, eine beträchtliche Höhe erreichen und bei alten Exemplaren auch einen beachtlichen Umfang.

Der Stamm trägt die Baumkrone, die aus Ästen und Zweigen und dem Laub gebildet wird. Je nach Baumart kann der Stamm kerzengerade weit in die Höhe wachsen – denken Sie zum Beispiel an die Fichten im Wald –, er kann sich aber auch schon in geringer Höhe in mehrere dicke Äste gabeln.

Sträuchern dagegen fehlt ein Stamm. Sie verzweigen sich bereits ganz knapp über dem Boden in mehrere gleich starke Äste oder wachsen gleich schon mit mehreren Ästen aus dem Boden.

Weil sich die Natur aber nicht so einfach in Schubladen stecken lässt, gibt es auch etliche Gehölzarten, die sich sowohl strauchförmig wie auch als kleine Bäume entwickeln können, abhängig von den Wuchsbedingungen an ihrem Standort. Zu diesen »Unent-

Welch Unterschied zum kahlen Stangenholz in einem eng gepflanzten Fichtenwald! Eine Fichte, die frei stehend wachsen darf, ist bis zum Boden beastet.

Es sind vor allem zwei Strauchgehölze, die der Heidelandschaft ihr typisches Gesicht verleihen: der säulenförmige Wacholder und das oft nur knöchelhohe Heidekraut.

schiedenen« gehören zum Beispiel der Flieder und der Holunder, der Weißdorn und der Sanddorn, die Korbweide und die Stechpalme.

Die Zwerge unter den Gehölzen

Neben den imposanten Baumriesen wachsen auch in den unteren Etagen der Vegetation Gehölze. Heidekraut und Krähenbeere, Heidel- und Preiselbeere sind kaum kniehohe Zwergsträucher, die aufgrund ihrer niedrigen Wuchshöhe meist gar nicht als Sträucher wahrgenommen werden.

Ebenso kann das raue Klima des Gebirges oder ein nährstoffarmer Standort, etwa in Mooren oder Heiden, Gehölze zum bescheidenen Kleinwuchs zwingen. So bildet zum Beispiel die Bergkiefer im Hochgebirge stellenweise gerade mal kniehohes Gebüsch, dieselbe Bergkiefernart wächst in tieferen Lagen zu einem bis zu 25 m hohen Baum heran.

Im rauen Klima des Hochgebirges wächst die Bergkiefer meist nur als niedriger Strauch. Kein Gehölz wagt sich in größere Höhen als diese Latschen oder Legföhren.

Kletternde Arten

Eine Reihe von Gehölzen erreicht trotz eines verhältnismäßig dünnen Stammes beträchtliche Höhen. Sie klettern einfach an einer stabilen Unterlage empor. Die verschiedenen Arten kommen dabei mit ganz unterschiedlichen Methoden zum Ziel.

Spreizklimmer wie die Heckenrose oder die Brombeere verhaken ihre langen Ruten, die zahlreiche, nach rückwärts gebogene Stacheln tragen, in einer rauen Unterlage, um daran emporzuklimmen.

Schlingsträucher wie die Waldrebe oder der Blauregen schlingen sich wie die Lianen im Urwald um die Äste anderer Gehölze (im Garten wahlweise auch um ein Klettergerüst oder um Terrassenbalken). Während der Blauregen seine Triebe um die Unterlage windet, benützt die Waldrebe ihre langen Blattstiele als Ranken. Die Richtung, in der die Sträucher ihre Ranken schlingen, ob im oder gegen den Uhrzeigersinn, ist fest im genetischen Programm der jeweiligen Art verankert. So winden sich die Zweige des Blauregens stets linksherum um ihre Unterlage, während sich der eng verwandte und ebenfalls oft als Ziergehölz gepflanzte Langtraubige Blauregen rechtsherum schlingt.

Als Schlingstrauch klettert der Blauregen der Sonne entgegen, indem er seine Triebe um die Äste anderer Bäume oder um entsprechende Stützgerüste windet.

Mithilfe kurzer Haftwurzeln, die seinen Zweigen in ganzer Länge entspringen, klammert sich der Efeu an Baumstämmen oder Mauern fest, um daran emporzuklettern.

Der bizarre Wuchs der Korkenzieherhasel kommt im Winter und Vorfrühling besonders gut zur Geltung, wenn kein Laub die verschnörkelten Zweige verdeckt.

Wurzelkletterer wie der Efeu schließlich brauchen keine Kletterhilfe. Der Efeu heftet sich mit kurzen Wurzeln, die seinen kletternden Trieben entspringen, an Baumstämmen oder Mauerwerk fest und zieht sich auf diese Weise in die Höhe. Erst die blütenbildenden Triebe, die sich weiter oben entwickeln und völlig andere Blätter tragen, bilden keine Haftwurzeln mehr aus.

»Exotische« Züchtungen

So variantenreich die Natur Bäume und Sträucher auch geschaffen hat – der Mensch will immer noch neue Formen vor Augen haben. Und so wird heute in den Baumschulen eine Vielzahl von Ziergehölzen gezogen, die in ihrer Wuchsform stark von der »normalen« Gestalt der Art abweichen. Die sogenannte Korkenzieherhasel etwa schmückt die Vorgärten mit bizarr gewundenen und verdrehten Zweigen, von der Purpurweide, in der Natur ein bis zu 8 m hoher Baum mit straff aufrechten Trieben, gibt es kaum kniehohe Zwergformen ebenso wie Hängeformen, deren Zweige in anmutigen Bögen überhängen.

DER STAMM, DAS RÜCKGRAT DES BAUMES

Wer unmittelbar vor einem großen Baum steht, sieht erst einmal nur dessen Stamm. Die Krone mit den Blättern, Blüten und Früchten befindet sich meist weit über unseren Köpfen, die Wurzeln dagegen stecken unsichtbar tief in der Erde. Was wir dagegen bequem betrachten und auch berühren können, ist die Rinde.

Rinde oder Borke?

Die meisten unterscheiden nicht groß zwischen Rinde und Borke. Ein Baumstamm trägt außen eine »Rinde«, so einfach ist das. Im Grunde stimmt das auch, doch die Biologen nehmen das Ganze ein wenig genauer.

Die Rinde umschließt Zweige, Äste und jüngere Stämme. Sie besteht aus einem derben, gegen äußere Einflüsse sehr widerstandsfähigen Gewebe, das die weiter innen liegenden Leitungsbahnen und die Wachstumsschicht des Baumstamms oder Astes schützt. Durchbrochen wird die Rinde von sogenannten Korkwarzen, eine Art Poren, durch die der Gasaustausch mit der Außenluft stattfindet. Wie viele Korkwarzen in einer Rinde sitzen und welche Form sie haben, ist von Art zu Art sehr verschieden.

Die Borke kommt erst dann ins Spiel, wenn der Baum stark wächst. Bei manchen Bäumen bleibt die Rinde lange Zeit, zum Teil sogar lebenslang das Abschlussgewebe des Holzkörpers. Bei den meisten Arten aber kann sie dem Dickenwachstum des Stammes, manchmal auch der Äste, auf Dauer nicht standhalten. Dann entwickeln sich

Die glatten, silbergrauen Stämme von Rotbuchen weisen einzelne Querstriche auf. Dort ist die Rinde aufgesprungen, weil sie dem Baumwachstum nicht mehr nachgeben konnte.

Die Rinde jüngerer Silberpappeln ist durchbrochen von charakteristischen rautenförmigen Korkwarzen. Mit zunehmender Stammdicke reißen diese so weit auf, dass sie ineinander übergehen.

Die glatte Rinde der Platane wird in großen, flächigen Platten abgesprengt, was ein unverkennbares, mehrfarbiges Muster ergibt.

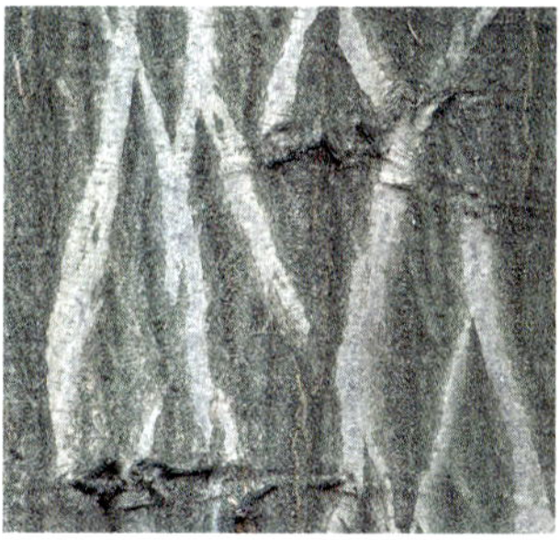

Wie mit einem Netz überzogen wirkt der Stamm einer Hainbuche. Bei sehr alten Bäumen ist das Netzmuster oft auch stark wulstig ausgeprägt.

Die Rinde der Fichte löst sich in kleinen, dünnen Schuppen ab. Deren rotbraune Färbung ist dafür verantwortlich, dass der Baum oft als Rottanne bezeichnet wird.

weiter innen neue, abdichtende Gewebeschichten, nach außen hin werden Korkzellen gebildet. Die äußeren Schichten sterben ab und reißen in einem charakteristischen Muster auf, bisweilen blättern sie auch ab. Diese äußeren, abgestorbenen Schichten werden Borke genannt. Wie ein Panzer schützen sie den Baumstamm vor Wind und Regen, Hitze und Feuer, mechanischer Beschädigung und Schädlingen.

WURZELN, DAS FUNDAMENT IM BODEN

Was sich bei unseren Bäumen und Sträuchern unter der Erde abspielt, davon bekommen wir im Allgemeinen nur wenig mit. Doch ohne unterirdisches Wurzelleben kein oberirdisches Baumleben! Immerhin steht die gesamte Wurzelmasse eines Baumes in der Größe seinen oberirdischen Teilen nicht viel nach, gelegentlich kann sie sogar die oberirdische Masse übertreffen. Meist gilt als grobe Regel, dass das Wurzelwerk eines Baumes etwa so weit reicht wie die äußersten Zweige. Es gibt jedoch auch Arten, bei denen die Wurzeln weit über den Kronenrand hinausreichen.

Wasser- und Nahrungsversorgung

Dass die Wurzeln das für die Pflanze lebensnotwendige Wasser aus dem Boden aufnehmen, ist gemeinhin bekannt. Dabei geht es nicht allein um Wasser, auch die im Wasser gelösten Mineralstoffe sind zur Ernährung der Pflanze wichtig. Die Wurzeln nehmen aber nicht wahllos alles auf, was im Bodenwasser zu finden ist. Sie wissen sehr wohl zu unterscheiden und filtern hauptsächlich diejenigen Mineralstoffe aus dem Wasser, die die Pflanze gerade braucht. Die dickeren Wurzeln allerdings, die wie die Zweige von einer stabilen Rinde umgeben sind, eignen sich für die Wasseraufnahme nicht. Diese Aufgabe übernehmen ausschließlich die alleräußersten Wurzelspitzen. Ihre Zellen

Nicht die dicken, bei alten Bäumen oft freiliegenden Wurzeln sind es, mit denen der Baum Wasser und Bodennährstoffe aufnimmt, sondern die dünnsten, äußersten Spitzen seines Wurzelwerks.

bilden feinste »Härchen« aus, deren Wände so dünn sind, dass das Wasser durch sie hindurchdringen kann. Die treibende Kraft ist dabei keineswegs ein aktives Saugen des Baums. Vielmehr füllt das Wasser vollständig das Leitungssystem im Baum bis hinauf in die Krone und in die Blätter. Die Verdunstung über die Blätter und die physikalischen Kapillarkräfte sorgen dafür, dass das Wasser aus dem Boden nachgesaugt und hochgezogen wird, ähnlich wie bei einem Strohhalm, an dessen oberem Ende jemand saugt.

Wo sich die Wurzeln nicht als Anker im Boden versenken können, krallen sie sich wie eine vielfingrige Hand an der Unterlage fest, um dem Baum Halt zu geben.

Verankerung

Die Wurzeln dienen nicht nur der Wasseraufnahme, sie verankern die Pflanze auch im Boden. Je höher der Baum, desto wichtiger wird diese Aufgabe. Die Bäume verwurzeln sich auf verschiedene Art und Weise. Eichen und Ulmen zum Beispiel, aber auch Tannen und Kiefern bilden eine kräftige und tiefreichende Hauptwurzel (Pfahlwurzel) aus. Buchen, Birken und Linden entwickeln von der Basis an mehrere unterschiedlich starke Wurzeln. Wieder andere, etwa Pappeln oder Fichten, haben lediglich als junge Bäume eine Pfahlwurzel. Später übernehmen mehr oder weniger waagrecht wachsende Seitenwurzeln die Haltefunktion.

Die Wurzeln selbst sind grundsätzlich anatomisch so gebaut, dass sie einer großen Zugbeanspruchung standhalten. Das heißt, ihr stärkstes Gewebe liegt in der Mitte, nicht anders als bei einem technischen Kabel der metallene Kern.

Vorratsspeicher

Darüber hinaus dient das Wurzelsystem auch als Speicherort für Nährstoffe. Im Herbst leiten die Bäume vor dem Laubfall erhebliche Mengen an Reservestoffen in ihren unterirdischen, frostfreien »Bunker«. Damit stehen ihnen im Frühjahr ausreichend Nährstoffe zur Verfügung, um den frischen Austrieb zu bewerkstelligen.

Die derben Blätter der Stechpalme bleiben auch im Winter an den Zweigen. Sie werden nach und nach ausgetauscht, ihre durchschnittliche Lebensdauer beträgt etwa drei Jahre.

BLÄTTER, DAS GRÜNE KLEID

Die Blätter sorgen nicht nur einfach für die grüne Farbe, die unseren Augen wohltut. Für den Baum oder Strauch sind sie lebenswichtig, stellen sie doch seine Energiefabriken dar. Das Zauberwort der pflanzlichen Energiegewinnung heißt Photosynthese. Mithilfe des Sonnenlichts und des grünen Blattfarbstoffs Chlorophyll werden in den Blättern aus Wasser und dem Kohlendioxid der Luft Zucker bzw. Stärke und Sauerstoff gebildet. Aus dem Zucker wiederum produziert die Pflanze eigenständig sämtliche Nährstoffe, die sie zum Wachsen und Leben braucht.

Abnutzung und Blattwechsel

Doch Blätter altern und müssen gelegentlich gegen neue ausgetauscht werden. Wie oft und auf welche Weise das geschieht, ist von Art zu Art unterschiedlich.

Immergrüne Gehölze tragen das ganze Jahr über ein Blätterkleid. Nadelbäume oder auch die Stechpalme gehören zu dieser Gruppe. Doch auch bei ihnen ist das Alter der Einzelblätter begrenzt. Sie werden lediglich nicht alle gleichzeitig erneuert, sondern nach und nach, sodass immer ausreichend viele an den Zweigen stehen bleiben. Eine einzelne Tannennadel etwa kann ein Alter von 8–12 Jahren erreichen, bevor sie schließlich abgeworfen wird, eine Fichtennadel ungefähr 4–7 Jahre.

Wintergrüne Gehölze behalten ihr Laub den Winter über an den Zweigen, tauschen es dann aber im Frühjahr innerhalb weniger Wochen gegen ein frisches Blätterkleid aus. In dieser Gruppe finden wir zum Beispiel den Liguster.

Sommergrüne Gehölze stellen in unseren Breiten die Mehrzahl der Bäume und Sträucher dar. Sie tragen ihre Blätter nur in der wärmeren Jahreszeit. Im Herbst werfen sie das Laub ab, um die Kälte und den Wassermangel des Winters besser überstehen zu können (siehe Seite 38/39).

Herbstfärbung bei Blättern

Wenn ein Gehölz seinen Laubschmuck im Herbst komplett abwirft, bedeutet das einen enormen Verlust an Biomasse. Doch die Natur verschwendet nicht gerne. Um also den »Verlustposten« möglichst gering zu halten, zieht die Pflanze vor dem Laubfall das wertvolle Blattgrün bzw. dessen Abbauprodukte aus den Blättern zurück und lagert sie in den Wurzeln ein. Ohne das Grün, das bisher alles überdeckt hat, kommen nun die übrigen Farbstoffe des Blattgewebes zum Vorschein. Je nach Art verfärbt sich das Laub dann prächtig gelb, orange oder kupferrot. Manche Gehölze bilden zusätzlich noch dunkelrote Farbstoffe.

Was uns im Herbst als verschwenderische Farbenfülle erscheint, ist in Wirklichkeit eine Sparmaßnahme der Bäume. Sie ziehen vor dem Laubfall das wertvolle Blattgrün aus den Blättern ab.

Ist das Laub der Zitterpappel erst einmal voll entwickelt, haben die Blätter einen runden Umriss angenommen und sind auf ihrer Oberseite sattgrün, unten silbrig grau gefärbt.

Blätter als Bestimmungshilfe

Neben den Blüten und Früchten (die man aber für gewöhnlich nur eine begrenzte Zeit lang an den Zweigen vorfindet) stellen die Blätter das wichtigste Erkennungsmerkmal für die Gehölze dar. Größe, Form und Gliederung der Blattfläche, die Länge des Blattstiels, die Ausprägung des Randes, die Beschaffenheit der Oberfläche, ob glatt oder runzelig, glänzend oder behaart, weich oder derb – all dies sind arttypische Eigenschaften, die es bei der Bestimmung eines Gehölzes zu beachten gilt.

Blattstellungen

Nach welchem Muster die Blätter dem Zweig entspringen, ist ebenfalls artspezifisch. Stehen sich immer zwei Blätter gegenüber, spricht man von gegenständiger Blattstellung.

Bei mehr als zwei Blättern auf gleicher Höhe spricht man von einem Quirl oder Wirtel. Wirtelig angeordnet sind zum Beispiel die Nadelblätter des Wacholders.

Wenn die Blätter einzeln und versetzt zueinander an den Zweigen stehen, haben wir es mit wechselständigen Blättern zu tun.

Zweierlei Blätter

Noch junge, gerade frisch ausgetriebene Blätter können in der Form noch deutlich von der arttypischen Blattform abweichen. So ist zum Beispiel das frische Laub der Zitterpappel noch oval mit einer lang ausgezogenen Spitze, die voll entwickelten Blätter haben dann eine fast kreisrunde Blattspreite. Zur Artbestimmung zieht man daher stets ein ausgewachsenes Blatt heran.

Um die Blattstellung richtig beurteilen zu können, sollten Sie möglichst nicht eine Zweigspitze betrachten, wo das Laub oft noch sehr eng beieinandersteht, sondern einen weiter hinten liegenden Abschnitt des Zweiges.

Es gibt sogar Gehölze, die tatsächlich zweierlei Blätter tragen. Am stärksten fällt das beim allbekannten Efeu auf. Während seine bewurzelten Kriech- und Klettersprosse die bekannten drei- bis fünfteilig gelappten Blätter tragen, bringen die blütentragenden Sprosse größere, glattrandige und annähernd rautenförmige Blätter hervor.

Die frisch ausgetriebenen, noch kupferfarben getönten Blätter der Zitterpappel sind in eine deutliche Spitze ausgezogen, die sich mit der Zeit immer weiter verliert.

BLÜTENVIELFALT – MIT STRATEGIE ZUM ZIEL

So langlebig Gehölze auch sind, ihr Weiterbestehen in dieser Welt vermögen sie nur zu sichern, indem sie Nachwuchs produzieren. Dazu können sie zweierlei Wege beschreiten. Sie können zum einen Schösslinge austreiben, sich also ungeschlechtlich vermehren. Oder aber sie bilden Geschlechtszellen, sorgen für deren Verschmelzung und verbreiten die entstehenden Embryonen bzw. Samen. Beides hat seine Vor- und Nachteile.

Wenn etwa eine Stechpalme oder ein Essigbaum Wurzelschösslinge austreiben, brauchen sie sich dabei nicht um solche Dinge wie Bestäubung, Befruchtung oder Verteilung der Früchte zu kümmern. Jedoch ist die Zahl der so erzeugten Nachkommen begrenzt und diese gelangen nicht über den Radius des elterlichen Wurzelwerks hinaus. Hinzu kommt, dass bei der ungeschlechtlichen Vermehrung keine Neudurchmischung des Erbguts stattfindet – für das langfristige Fortbestehen der Art wäre dies aber unabdinglich.

Die meisten Gehölze setzen daher hauptsächlich auf die Methode der geschlechtlichen Vermehrung. Im Klartext bedeutet das: Sie bilden Blüten aus. Die Blüten umhüllen die männlichen und weiblichen Samenzellen und haben zwei Aufgaben: Sie schützen die wertvollen

Wenn blühende Nadelbäume ihre Pollen in den Wind entlassen, steigen wahre »Staubwolken« von den Zweigen auf, wie hier bei der amerikanischen Drehkiefer (Pinus contorta).

Die mit der Heckenrose (Rosa canina) *eng verwandte Art* Rosa corymbifera *bringt besonders große Blüten hervor, von denen sich Insekten magisch angezogen fühlen.*

Keimzellen und sie erleichtern direkt oder indirekt deren Vereinigung. Direkt, indem sie den Pollen, die männlichen Keimzellen, auf langen Staubblättern in die Luft halten, bereit zur Übergabe an einen Transporteur. Und indirekt, indem sie geeignete Insekten als Transporteure anlocken.

Männlich und/oder weiblich?

Wie die männlichen und weiblichen Geschlechtszellen auf den Pflanzen verteilt sind, ist ein arttypisches Merkmal der Gehölze.
***Eingeschlechtige Blüten** enthalten entweder nur Staub- oder nur Fruchtblätter, sind also rein männlich oder rein weiblich.*
***Zwittrige Blüten** enthalten beides, sowohl männliche wie weibliche Blütenorgane.*
***Einhäusig** nennt man Arten, bei denen rein männliche und rein weibliche Blüten oder Blütenstände auf ein und derselben Pflanze stehen.*
***Zweihäusig** nennt man Arten, bei denen männliche und weibliche Blüten oder Blütenstände getrennt auf verschiedenen Pflanzen gebildet werden.*

Wind- oder Bienenpost?

Eine Reihe von Bäumen hat sich darauf spezialisiert, eine Unmenge von Pollen zu produzieren und diese einfach dem Wind mitzugeben, in der Hoffnung, es werden genug Pollenkörnchen auf weiblichen Blüten landen. Nadelbäume wenden diese Strategie an, aber auch kätzchenblütige Laubgehölze wie Hasel und Birke. Vor allem Allergiker leiden unter dieser Art der Verbreitung. In Fichtenwäldern werden zur Hauptblütezeit so riesige Pollenmengen ausgeschüttet, dass sich gelber Staub wie eine Wolke übers Land senkt und der Volksmund von »Schwefelregen« spricht.

Die übrigen Laubgehölze setzen auf eine andere Strategie. Sie locken Insekten an, die den Pollen von einer zur anderen Blüte tragen sollen. Grundsätzlich ist diese gezieltere Methode deutlich wirtschaftlicher, da der Pollen gezielt befördert wird und die Pflanze bei Weitem nicht so viel Blütenstaub benötigt, um ihre Verbreitung zu sichern. Dafür aber braucht sie entsprechende Lockmittel. Im Pflanzenreich sind das die Blüten, die mit ihrer Farbe, dem Muster oder Duft die Insekten anziehen.

So finden Insekten zur Blüte

Viele Blüten locken nicht einfach nur durch schlichte Farbigkeit die Insekten an. Sind die Umworbenen erst einmal gelandet, werden sie zusätzlich durch einen auffälligen Farbkontrast in der Blütenmitte sogleich dorthin geführt, wo ihnen süßer Nektar angeboten wird. Bei anderen Arten finden die hungrigen Besucher dort eine reichliche Menge nahrhafter Pollen vor.

Wie man sich denken kann, handelt die Blüte keineswegs uneigennützig, wenn sie ihren Gästen Speise und Trank anbietet. Während

Nektar, die süße Verführung

Was Insekten dazu verleitet, sich kopfüber in Blüten zu stürzen, ist nichts anderes als eine Zuckerlösung, die zusätzlich oft noch ein wenig Eiweißstoffe und Vitamine enthält. Dieser Nektar wird in Drüsen gebildet, den sogenannten Nektarien. Meist sitzen diese am Grund der Blüte, sei es an der Basis der Kronblätter oder der Staubblätter oder auch auf dem Fruchtknoten.

Die Illustration zeigt den schematischen Aufbau einer Blüte und die zugehörigen Fachbegriffe für ihre Bestandteile.

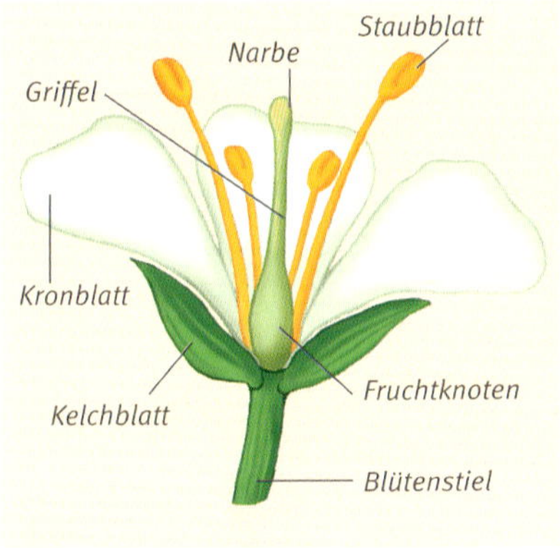

sich die Insekten über das Gebotene hermachen, beladen sie ihren Pelz oder ihren borstenbesetzten Panzer automatisch mit Pollenkörnchen, die sie beim Weiterflug mitnehmen und auf der nächsten besuchten Pflanze an der Blütennarbe abstreifen. Damit ist die Bestäubung vollzogen – die Pflanze hat ihr Ziel erreicht.

Die Blütentrauben des Schmetterlingsstrauchs stellen eine reiche Nektarquelle dar. Während sich die bunten Falter an ihnen laben, sorgen sie für die Bestäubung der Blüten.

SAMEN UND FRÜCHTE

Die Blüten sind bestäubt, die männlichen Pollen sind mit den weiblichen Samenanlagen verschmolzen, in der befruchteten Blüte entwickeln sich nun Samen. Noch ist die Pflanze aber nicht am Ziel. Jetzt gilt es, die Samen auszusäen, und zwar möglichst weit verstreut. Schließlich sollen die daraus keimenden Jungpflanzen neue Flächen besiedeln und nicht der Mutterpflanze an deren eigenem Standort Konkurrenz machen.

Flugkünstler

Eine Reihe von Bäumen bilden Samen mit trockenen, häutigen Anhängen, die wie Flügel bzw. Segel wirken. Die Birken gehören ebenso in diese Gruppe wie die Ahornarten. Fallen solche Samen vom Baum, wird wie mit einem Fallschirm ihre Sinkgeschwindigkeit gebremst. Der Wind kann sie dann leicht erfassen und weit forttragen.

Zur Perfektion in dieser Technik haben es die Pappeln und Weiden gebracht. Ihre Samen sind winzig klein (Weidensamen nur rund 1 mm lang und 0,2 mm dick) und entsprechend leicht, dabei aber ausgestattet mit einem Kranz langer, feinster Flughaare. Der leiseste Windhauch treibt die massenweise freigesetzten Flugsamen tanzend durch die Luft, wirbelt sie hoch empor und lässt sie oft erst Kilometer entfernt niederschweben. An trockenen Junitagen sieht es in Weidenauen dann oft aus, als würde es schneien.

Schmackhafte Verpackungen

Andere Gehölze setzen statt auf Wind lieber auf Tiere als Verbreiter ihrer Ableger. Vor allem die niedrigeren Sträucher greifen zu dieser Strategie, einen guten Flugstart könnten sie ihren Samen mangels Höhe ohnehin nicht bieten. Sie »verpacken« ihre Samen stattdessen in saftiges oder nahrhaftes Fruchtfleisch, geben dem Ganzen eine auffällig leuchtende Farbe und warten, bis ein hungriger Vogel oder Vierbeiner

Der Seidenschwanz lässt sich im Spätherbst die letzten Beeren der Eberesche schmecken. Indem er die unverdaulichen Samen wieder ausscheidet, trägt er zur Verbreitung des Strauches bei.

das Angebot annimmt. Mit Verspeisung des Fruchtfleisches wird der Gast automatisch zum Transporteur des Samens. Da die meisten Samen unverdaulich sind, gelangen sie mit dem Kot der Tiere oft weit fort von ihrem Ursprungsort.

Der wachsige Belag macht die Früchte der Schlehe für Vogelaugen besonders auffällig, indem er den UV-Anteil des Tageslichts stark reflektiert. So werden Vögel zu den Hauptverbreitern von Schlehensamen.

Rote oder schwarze Färbung

Bei leuchtend roten Beeren liegt der Grund der Färbung auf der Hand, sie sind so nicht zu übersehen. Warum aber sind so viele Beeren ausgerechnet düster schwarz oder schwarzblau, wenn sie doch eigentlich auffallen sollen? Der Grund liegt im Sehvermögen der Zielgruppe – der Vögel. Vogelaugen können den Rotbereich des Farbspektrums sehr gut wahrnehmen, daher die vielen roten Früchte an den Sträuchern. Die schwarzen Beeren aber sind in der Regel bereift, das heißt, sie tragen einen wachsigen Belag. Dieser Belag reflektiert den ultrakurzwelligen Anteil des Lichts sehr stark. Genau diesen UV-Bereich können Vögel, anders als wir Menschen, ebenfalls gut sehen. Für Vogelaugen müssen also bereifte schwarze Beeren geradezu herausleuchten aus dem Grün des Laubs. Daher tun sich Vögel gern an den Früchten von Schlehe, Efeu oder Liguster gütlich. (An dieser Stelle sei darauf hingewiesen: Vögel haben einen anderen Stoffwechsel als wir Menschen. Viele Früchte, die für die Gefiederten bekömmlich und nahrhaft sind, sind für uns Menschen ausgesprochen giftig.)

Wenn die winzigen, mit langen Flughaaren bestückten Samen der Salweide reif sind, machen sich Millionen von ihnen gleichzeitig startklar und warten auf trockenes, windiges Wetter.

Früchte als Bestimmungshilfe

Weil sich die Natur als überaus erfindungsreich erweist bei der Ausbildung von Früchten und jeder Baum oder Strauch andere trägt, eignen sich Früchte mindestens ebenso gut als Bestimmungsmerkmale wie Blüten.
Während im volkstümlichen Sprachgebrauch im Großen und Ganzen nur zwischen »Beeren« (kleine, fleischige Früchte), »Samen« (kleine, trockene Früchte) und Nüsse (größere, sehr hartschalige Früchte) unterschieden wird, kennt der Botaniker einige Fruchttypen mehr.

Beeren sind meist kleinere, rundliche Früchte, deren ein oder mehrere Samen in ein fleischiges, mehr oder weniger saftiges Fruchtfleisch eingebettet sind. Zu diesen echten Beeren zählen unter anderem Heidelbeeren und Johannisbeeren, die Früchte des Holunders oder des Gartengeißblatts.

Steinfrüchte haben eine zweigeteilte Fruchthülle. Die äußere Schicht ist weich und meist auch saftig, die innere Schicht ist verholzt und umgibt als steinharte Schutzschicht den Samen. Solche Früchte hängen z. B. an den Zweigen der Vogelkirsche, der Kornelkirsche oder des Efeus.

Apfelfrüchte entwickeln ihr Fruchtfleisch nicht wie Beeren und Steinfrüchte aus dem Fruchtknoten der Blüte. Bei ihnen wächst stattdessen die Blütenachse zu einem fleischigen Gewebe aus. In dessen

In der Reife wird die anfangs noch weiße und relativ weiche Fruchtschale der Haselnuss braun und verholzt zu einer beinharten Schutzhülle für den Samen.

Ordentlich in Reih und Glied, so reifen die kleinen, harten Samen des Ginsters in ihrer platten, nur wenig fleischigen Fruchthülle heran.

Die kleinen, saftigen Früchte der Felsenbirne zählen im botanischen Sinn zu den Apfelfrüchten, was unschwer an ihrem »Krönchen« zu erkennen ist.

Im Herbst leuchten in vielen Gärten die nur kirschgroßen Früchte des Japanischen Wildapfels oder Korallenstrauchs (Malus floribunda) *von den Zweigen.*

Inneren sitzen mehrere, jeweils von einem häutigen Balg umgebene Kerne. Von außen verrät sich eine Apfelfrucht gewöhnlich durch ein »Krönchen« am unteren Ende. Typische Apfelfrüchte sind nicht nur die Kernobstarten Apfel und Birne, sondern z. B. auch die Früchte von Weißdorn, Felsenbirne, Mehlbeere und Eberesche.

Nüsse haben dagegen eine zur Gänze verholzte Fruchtschale, wie wir es z. B. von der Haselnuss kennen.

Hülsen sind Früchte, deren Fruchtschale aus einem einzelnen Fruchtblatt besteht. Im reifen Zustand trocknet sie aus, öffnet sich dann an der Bauch- und Rückennaht und gibt die Samen frei. Solche Früchte sind etwa die »Schoten« des Ginsters oder der Robinie.

Kapseln funktionieren nach demselben Prinzip wie Hülsen, nur dass ihre Schale aus zwei oder mehr Fruchtblättern besteht, wie man es bei reifen, aufspringenden Kastanien oder auch Bucheckern gut sehen kann.

Sonderform Zapfen

Die Zapfen der Nadelbäume sehen nicht nur rein äußerlich deutlich anders aus als die Früchte der übrigen Gehölze. Der große Unterschied liegt darin, dass bei den Zapfen die Samen nicht von Fruchtfleisch oder einer schützenden Schale umhüllt sind, sondern gewissermaßen nackt zwischen den trockenen, verholzten Schuppen sitzen. Schon in den Blüten waren die Samenanlagen nicht in einem Fruchtknoten eingeschlossen. Die Biologen bezeichnen diese Gruppe von Pflanzen daher als Nacktsamige Pflanzen oder kurz Nacktsamer.

WEHRHAFTE GEHÖLZE

Gehölze sind in verschiedener Hinsicht auf Tiere angewiesen. Bei vielen übernehmen Insekten die Bestäubung, Vögel die Verbreitung. Doch haben unsere Bäume und Sträucher nicht nur Freunde unter den Tieren. Rehe, Hirsche und andere Pflanzenfresser machen sich nur allzu gerne über den frischen Austrieb her oder vergreifen sich im Winter an Laub oder Rinde. Die meisten Pflanzen reagieren darauf mit immer neuen Austrieben, manche aber setzen sich nach Kräften dagegen zur Wehr.

Stechende Abwehr

Wer jemals versucht hat, in das dichte Gewirr von Brombeerranken vorzudringen, weiß, wie wirksam die Abwehrstrategie des Beerenstrauchs ist. In dieses Bollwerk aus bestachelten Ruten gehen selbst hungrige Wiederkäuer nicht gerne hinein, und seien auch die allersaftigsten Blätter darin zu finden. Auch bei den kratzigen Heckenrosen oder den dicht verzweigten Schlehen- und Berberitzensträuchern fallen höchstens die äußeren Blätter den hungrigen Mäulern von Rehen oder Weidetieren zum Opfer.

Wo große Tiere sich nicht hinwagen, dort finden kleine Tiere ein geschütztes Refugium. Viele Singvögel nisten daher gern im Dickicht von stachel- oder dornenbewehrten Sträuchern oder Bäumen. Nir-

Die Robinie schützt ihren Nachwuchs durch kräftige, bis zu 3 cm lange Dornen davor, abgefressen zu werden. Die Kronen der hohen Bäume sind dagegen meist dornenlos.

Wer sich an den Zweigen der Kartoffelrose zu schaffen machen will, muss mit einem ganzen Heer von Stacheln fertigwerden.

gendwo sind ihre Kleinen sicherer vor Mardern oder den großen Krähenvögeln, die sich sonst oft als Nestplünderer betätigen.

Dornen oder Stacheln?

Gemeinsam ist beiden Pflanzenwaffen, dass sie empfindlich stechen, wenn man ihnen zu nahe kommt. Doch anatomisch gesehen handelt es sich um sehr unterschiedliche Bildungen. Dornen sind starre Sprossspitzen oder kurze Seitensprosse, die keine Blätter tragen, dafür aber in einer stechend harten Spitze enden. Wie bei jedem Zweig findet sich in ihrem Inneren Holz, außen herum eine Rindenschicht. Dornen lassen sich nur schwer abbrechen.
Stacheln stellen Auswüchse der äußeren Gewebeschichten dar. Sie können aus der Rinde eines Zweiges entwachsen wie bei den Rosen, vom Rand eines Blattes gebildet werden wie bei der Stechpalme oder aus einer Fruchthülle ragen wie bei der Rosskastanie. Zumindest die Zweigstacheln lassen sich vergleichsweise leicht mit einem seitlichen Daumendruck abbrechen.

Eichenlaub enthält reichlich Tannine. Die bitter schmeckenden Substanzen halten Rehe und andere Pflanzenfresser davon ab, die Äste kahl zu fressen.

Chemische Waffen

Gehölze kennen noch andere Möglichkeiten außer Kratzbürstigkeit, sich gegen hungrige Tiere zur Wehr zu setzen. Nicht wenige Bäume und vor allem Sträucher greifen in ihrer Verteidigung zu chemischen Waffen. Sie produzieren kurzerhand Substanzen, die scheußlich schmecken oder zumindest abstoßend riechen. So schützt zum Beispiel die Traubenkirsche ihre Zweige wirksam vor Wildverbiss, indem sie einen Stoff produziert, der bei einer Rindenverletzung das Holz unangenehm scharf riechen lässt. Auch viele Blätter enthalten Substanzen, überwiegend bitter schmeckende, die auf Säugetiere abschreckend genug wirken, um einen größeren Fraßschaden zu verhindern. Ein bekanntes Beispiel dafür sind die Eichen, die in ihrem Laub bittere Tannine enthalten.

Achtung, Gift!

Häufig signalisiert uns ein bitterer oder gar brennend scharfer Geschmack, dass das, was wir gerade im Mund haben, giftig ist. Allerdings ist auf dieses Warnsystem kein Verlass. Auch aus dem Verhalten der Tiere sollte man keinesfalls Rückschlüsse auf die Genießbarkeit bestimmter Pflanzen oder Pflanzenteile für uns Menschen ziehen. Das könnte fatale Folgen haben. Während für uns zum Beispiel die roten Beeren des Seidelbasts extrem gefährlich sind, sind Drosseln offenbar völlig unempfindlich für deren Gift. Sie verzehren die Früchte genüsslich, spucken die harten Kerne wieder aus und leisten auf diese Weise einen erheblichen Beitrag zur Verbreitung des kleinen Gehölzes.

Folgende in diesem Buch vorgestellte Gehölze sind für uns Menschen giftig:

Name	*giftige Pflanzenteile*	*Giftigkeit*
Eibe	*alle Teile außer dem roten Samenmantel*	*stark giftig*
Abendländischer Lebensbaum	*alle Teile*	*sehr stark giftig*
Lawsons Scheinzypresse	*alle Teile*	*giftig*
Waldrebe	*alle Teile*	*giftig, Hautreizungen möglich*
Blauregen	*alle Teile, vor allem Samen*	*giftig*
Goldregen	*alle Teile, vor allem die bohnenähnlichen Hülsen*	*sehr stark giftig*
Robinie	*alle Teile, besonders Samen und Rinde*	*stark giftig*
Schneebeere	*Beeren*	*giftig*
Echter Kreuzdorn	*Beeren und Rinde*	*giftig*
Liguster	*Beeren, Blätter und Rinde*	*giftig*
Schwarze Heckenkirsche	*Beeren*	*giftig*
Rote Heckenkirsche	*Beeren*	*giftig*
Gartengeißblatt	*Beeren*	*giftig*
Pfaffenhütchen	*alle Teile, besonders Früchte*	*stark giftig*
Buchsbaum	*Blätter und Früchte*	*stark giftig*
Stechginster	*Zweige und Samen*	*stark giftig*
Deutscher Ginster	*alle Teile, vor allem Samen*	*giftig*
Färberginster	*alle Teile*	*giftig*
Seidelbast	*alle Teile, besonders die roten Beeren*	*sehr stark giftig, Hautreizungen möglich*
Lorbeerkirsche	*alle Teile, vor allem Blätter und Samen*	*giftig*
Stechpalme	*Blätter und Beeren*	*stark giftig*
Efeu	*Blätter und Beeren*	*giftig*

WENN INSEKTEN SCHADEN ANRICHTEN

Eine Baumkrone lebt. Nicht nur, weil sie grüne Blätter trägt und Blüten und Früchte hervorbringt, sie ist gleichzeitig auch Lebensraum für eine Vielzahl kleiner Tiere. Neben den Vögeln sind das kleine Nagetiere, Fledermäuse, Marder und Spinnen, vor allem aber Insekten. Bei einer Artenzählung der auf verschiedenen Baumarten vorkommenden Insekten fanden Biologen heraus, dass vor allem Eichen und Weiden unter den Krabbeltieren sehr beliebt sind. Rund 700 unterschiedliche Insektenarten wurden in Deutschland allein in deren Kronen gefunden. In einem intakten Wald bilden sie alle, zusammen mit den übrigen Pflanzen und deren Bewohnern, ein großes ökologisches Räderwerk.

Manchmal allerdings gerät das Räderwerk aus dem Takt. Gewöhnlich dann, wenn der Mensch eingreift und das ausbalancierte Gleichgewicht verschiebt. Dann können einzelne Insekten überhandnehmen – und sichtbaren Schaden anrichten.

Gefahr der Monokulturen – Beispiel Borkenkäfer

Vor allem Fichtenmonokulturen, wie sie heute zu großen Teilen in unseren Wäldern vorkommen, sind gefährdet, von Borkenkäfern im Übermaß befallen zu werden. Sind die Bäume zusätzlich durch

Die braun-weißen Flecken zeigen, dass im Inneren der Blätter die winzigen Raupen der Rosskastanien-Miniermotte fressen. Bald wird das Laub vertrocknen und abfallen.

Eine Übervermehrung von Borkenkäfern kann einem ganzen Wald den Garaus machen. Vor allem Fichtenmonokulturen sind hier gefährdet.

Umweltschadstoffe vorgeschädigt, haben die Myriaden von Käfern bzw. deren Larven leichtes Spiel. Die Folge ist, dass der Wald großflächig abstirbt. Eine Landschaft voller toter Bäume, soweit das Auge reicht – das bietet ein grauenerregendes Bild und ist doch vom Menschen hausgemacht. Wo man den abgestorbenen Wald aber wieder sich selbst überlässt, wie es etwa im Nationalpark Bayerischer Wald geschieht, zeigt er seine enorme Fähigkeit zur Regeneration. Binnen weniger Jahre wachsen wieder junge Bäume empor, diesmal allerdings ein gesunder Mischwald, wie ihn die Natur vorsieht.

Gefahr der importierten Spezialisten – Beispiel Miniermotte

Immer mehr Kastanien stehen schon mitten im Sommer kahl da. Sie haben ihr Laub abgeworfen, als wäre es bereits Herbst. Zuvor aber sind auf den Blättern auffällige braun-weiße Flecken zu sehen gewesen. Es handelt sich um einen Befall durch die Rosskastanien-Miniermotte, die Flecken sind die Fraßspuren ihrer winzigen Raupen im Inneren des Blattes. 1989 wurde das vom Balkan stammende Insekt erstmals in Österreich beobachtet, seither breitet es sich stetig über Mitteleuropa aus, zirka 100 km jedes Jahr. Zwar sterben die Kastanienbäume nicht an dem Befall, doch sie werden durch den vorzeitigen Laubverlust stark geschwächt und dadurch anfällig für andere Baumkrankheiten.

Pflanzengallen

Häufig sieht man an Blättern von Bäumen und Sträuchern merkwürdige Auswüchse. Sie sehen aus wie Pusteln oder Warzen, manchmal wie kleine Zapfen oder Äpfelchen. Es handelt sich um Behausungen von Insektenlarven, die die Pflanze aus ihrem Blattgewebe produziert hat. Schneidet man diese Gallen vorsichtig auf, findet man meist im Inneren eine oder mehrere winzige Larven. Ihre Eltern sind Gallwespen, Gallmücken oder Gallläuse, auch manche Kleinschmetterlinge, Käfer oder sogar Blattläuse. Für jede Art bildet der Baum eine ganz spezielle Gallenform aus. Allein auf den in Mitteleuropa heimischen Eichen hat man bereits über 200 verschiedene Gallenarten gefunden. Schaden nimmt das Gehölz dadurch aber keinen. Im Herbst werden die (meist schon leeren) Gallen mit dem Laubfall »entsorgt«.

WINTER IM WALD – LEBEN AUF SPARFLAMME

Nackt und bloß stehen die meisten unserer Laubbäume im Winter da, nachdem sie sich im Herbst ihres Laubs entledigt haben. Jetzt zeigen sie uns ihren Aufbau in aller Klarheit, das innere Gerüst der Baumkrone ohne verhüllendes Grün. Wie verschieden die Bäume doch sind! Die schlanke Birke, deren Zweige in anmutigem Bogen überhängen, die knorrige Eiche mit ihren dicken, verwinkelten Ästen, oder die Linde, deren Äste in steilem Winkel ansteigen – mit ein wenig Übung kann man sie im Winter fast leichter unterscheiden als im Sommer.

Laubabwurf als Schutzmaßnahme

Warum nehmen Bäume und Sträucher den enormen Materialverlust beim Laubfall ebenso in Kauf wie den riesigen Aufwand, im Frühjahr all die vielen Blätter wieder neu bilden zu müssen? Nun, in den alten Blättern haben sich mit der Zeit Stoffwechselabfallprodukte angesammelt, oft sind sie auch nicht mehr einwandfrei, von Insekten angefressen zum Beispiel oder am Rand vertrocknet. Mit dem Abwurf wird der Baum die Schlacken los und erhält bald neues, wieder voll funktionsfähiges Laub. Doch das ist nicht der Hauptgrund. Der Abwurf seines kompletten Laubs schützt das Gehölz vielmehr davor, im Winter zu vertrocknen. Über die Blattflächen würde nämlich in der Wintersonne sehr viel Wasser durch Verdunstung verloren gehen. Zugleich können die Wurzeln aus dem gefrorenen Boden aber kein neues Wasser herbeischaffen. In solchen Situationen »erfrieren« Pflanzen nicht, wie viele meinen, sondern sie vertrocknen.

Die Hängebirke hat sich zum Beginn des Winters ihres Blätterkleides entledigt. Jetzt wird besonders deutlich, woher sie ihren Namen hat.

Eng zusammengefaltet haben die Buchenblätter in ihrer Knospe abgewartet, bis der Frühling gekommen ist. Nun schieben sie sich mit Macht hervor.

Knospen, Schutzpanzer für die harte Zeit

Damit im Frühjahr alles ganz rasch gehen kann, sitzen die neuen Blätter bereits in den Startlöchern. Geschützt von derben Schuppen ruhen die Triebe des nächsten Jahres in den Knospen. Oft sind diese klebrig oder behaart, nicht selten auffällig gefärbt. So stellen zum Beispiel im Winter die dicken, schwarzen Knospen der Esche ein gutes Erkennungszeichen für die Art dar.

Wenn im Frühjahr die Tage länger werden und die Temperaturen steigen, brechen die Knospen auf und der frische Trieb mit seinen Blättern schiebt sich heraus. Das Laub »entfaltet« sich – buchstäblich. Die Blätter sind in den Knospen aufs Dichteste gepackt, manche reichlich zerknüllt, andere säuberlich plissiert.

Barbarazweige

Mitten im Winter den Frühling ins Haus holen – das kann man, indem man nach altem Brauch am Tag der Hl. Barbara, dem 4. Dezember, Strauchzweige schneidet und sie in der Vase ins warme Zimmer stellt. Bis Weihnachten öffnen sich die Knospen, und man hat einen wunderschönen Blütenstrauß. Gut eignen sich als Barbarazweige z. B. Kornelkirsche, Forsythie oder Wildkirschen.

NUTZPFLANZE BAUM

Immer schon haben die Menschen die Gehölze nicht nur bewundert und geliebt, sondern auch zu nutzen gewusst. Keine Hütte, kein Haus, kein Werkzeug ohne Holz, auch Brücken, Karren und Schiffe wurden aus dem vielseitigen und fast überall verfügbaren Werkstoff gewonnen. Noch heute wohnen wir am liebsten mit Holz. Wandverkleidungen aus Holz wirken gemütlich, Möbel bringen die Farben und Maserungen der verschiedenen Hölzer schön zur Geltung.

Wohlige Wärme

Von der Vorzeit bis heute wärmen Holzfeuer die Behausungen der Menschen und ermöglichten ein Garen ihrer Mahlzeiten. Aber nicht nur für Feuerholz, sondern auch zur Herstellung von Holzkohle wurden Abermillionen Bäume gefällt, um Häuser zu heizen und frühe Industrien zu betreiben.

Gegen Wind und Wetter

Baumstämme gewährten allzeit auch Schutz vor den Naturgewalten. Vor allem der Windschutz ist bis heute ein wichtiger Bereich geblieben, wofür Bäume und Sträucher eingesetzt werden. Ob um frei ste-

Seit ältester Zeit markieren Feldhecken die Grenzen von Grund und Boden. Zudem schützen sie die Ackerkrume vor der Erosion durch den Wind.

Als Alleebäume spenden die dichtlaubigen Rosskastanien nicht nur wohltuenden Schatten, sie brechen auch den Wind und filtern viel Staub aus der Luft.

hende Gehöfte herum oder entlang von Autobahnen, die fest verwurzelten Laubgehölze trotzen (fast) allen Stürmen.

Während sich die Kronen der Gehölze gegen den Wind stemmen, halten ihre Wurzeln das Erdreich fest. Vor allem, wo die Erdkrume offen daliegt, kann die Erosion den Boden leicht abtragen, besonders rasch an Hängen und Böschungen. Und so werden Berghänge nach Erdrutschen heute mit Weidenarten, Erlen oder Schwarzpappeln bepflanzt, Lärmschutzböschungen neben Straßen z. B. mit Liguster oder Zitterpappeln.

Die Luft zum Atmen

Für eine 50-jährige Rotbuche haben es die Wissenschaftler einmal berechnet: Mit ihren nahezu 300.000 Blättern produziert sie etwa 100 l reinen Sauerstoff, und das täglich. Ebenso viel Kohlendioxid nimmt sie aus der Luft auf und verbraucht es. Man konnte messen, dass Bäume in der Stadt bis zu einem Drittel ihres Bedarfs an Kohlenstoff allein aus den Autoabgasen decken. Ganz nebenbei filtert ein großer Baum im Laufe eines Jahres noch bis zu 100 kg Fein- und Grobstaub aus der Luft. Der Staub bleibt einfach am Blattwerk hängen und wird von dort durch den Regen zu Boden gewaschen.

Blätter nadelförmig

Heidekraut

Calluna vulgaris

An einem sonnigen Tag ertönt über einem blühenden Heidekrautbestand ein beständiges Summen: Die Bienen haben es hier wichtig. Sie sammeln den Nektar der zahllosen kleinen Blüten. Schließlich besteht dieser zu 24 Prozent aus Zucker. Zur Freude der Imker bereiten die Bienen daraus den leckeren Heidehonig. Doch auch sehr viele Schmetterlingsarten und ihre Raupen ernähren sich von dem immergrünen Zwergstrauch.

VORKOMMEN in ganz Europa mit Schwerpunkt Mittel- und Nordeuropa, von der Küste bis zum Gebirge, dort bis zur Baumgrenze; auf nährstoffarmen, sauren, gerne sandigen Böden; Charakterpflanze der Heide (z. B. Lüneburger Heide), aber auch in Heidemooren, lichten Wäldern und auf Dünen

Typisch

Im Unterschied zu den Erica-Arten sitzen die nur 1–3 mm kurzen Blättchen in vier Längsreihen am Stängel, dem sie dachziegelartig anliegen. Die becherförmig geöffneten Blüten bestehen aus je vier farbigen Kron- und Kelchblättern.

GRÖSSE 20–50 cm, manchmal bis 1 m hoher Zwergstrauch

VERWENDUNG Der botanische Name kommt vom Griechischen »kallyna«, ich fege, reinige, was darauf hinweist, dass die Zwergsträucher früher zur Herstellung von Besen verwendet wurden. Vielfach werden sie immer noch als Besenheide bezeichnet. Heute schmückt das Heidekraut in einer Vielzahl von Sorten unsere Gärten und Balkonkästen

Die Blüten des Heidekrauts können rosa, rot, violett oder weiß sein.

BLÜTEZEIT

J	F	M	A	M	J	J	A	S	O	N	D

Schneeheide

Erica carnea

Die Schneeheide, oft auch Winterheide genannt, trägt ihren Namen nicht umsonst. In günstigen Lagen beginnt sie schon ab Dezember ihre Blüten zu öffnen, spätestens aber im März. Diese frühe Blütezeit macht den immergrünen Zwergstrauch zu einer wichtigen Futterpflanze für Bienen und andere Blüten besuchende Insekten.

VORKOMMEN im Gegensatz zum sommerblühenden Heidekraut (siehe Seite 44/45) wächst die Schneeheide gern auf kalkreichen

Die Schneeheide ist nicht nur ein früher Nahrungslieferant, ihre farbigen Blüten sind ein toller Anblick im weißen Schnee.

Die Blütenglöckchen der Schneeheide können nicht nur rosa, sondern ebenso weiß gefärbt sein. Gezüchtete Kultursorten leuchten auch intensiv weinrot oder dunkelviolett.

Böden. Man trifft sie vor allem in Südeuropa und im Alpenraum, wo sie bis in 2700 m Höhe vorkommt.

GRÖSSE 20–30 cm hoher Zwergstrauch

VERWENDUNG Gärtnerische Sorten in Rosa, Purpurrot oder Weiß werden vielfach als Zierpflanzen in Gärten und Parks eingesetzt. Die nahe verwandte südeuropäische Baumheide *(Erica arborea)* weist eine charakteristische knollige Verdickung zwischen Stamm und Wurzel auf, die das teure Bruyère-Holz für die Herstellung von Pfeifenköpfen liefert.

BLÜTEZEIT

J	F	M	A	M	J	J	A	S	O	N	D

Typisch

Die etwa 1 cm langen, schmalen Blättchen sind spitz, aber nicht stechend, und am Rand stark eingerollt. Die Blüten bilden abwärts geneigte, enge Glöckchen, aus deren Öffnung die dunklen Staubgefäße herausragen.

Die zunächst grünen Beerenzapfen färben sich in der Reife schwarz und sind dann stark blau bereift.

Gewöhnlicher Wacholder

Juniperus communis

Der Gewöhnliche Wacholder ist, wenn man seine sieben bekannten Varietäten zusammennimmt, das am weitesten verbreitete Nadelgehölz der Welt. Man trifft ihn in der Arktis Nordamerikas ebenso an wie in ganz Europa oder im südlichen Asien, im Gebirge wächst er noch in über 4000 m Höhe. Seine »Wacholderbeeren« sind in Wirklichkeit gar keine Beeren, sondern kleine Zapfen, deren äußere Schuppenblätter bei der Reife fleischig werden. Wer genau hinsieht, erkennt die Konturen der Schuppen.

VORKOMMEN auf nährstoffarmen Böden, in lichten Kiefernwäldern, auch auf trockenen Hängen und Weiden. Wo Schafe gehütet wurden, blieb oft Wacholder als einziges Gehölz stehen, weil er nicht von den Tieren verbissen wird (Lüneburger Heide, Schwäbische Alb)

GRÖSSE bis 10 m, meist aber nur 1–5 m hoher Strauch

VERWENDUNG Kein Sauerkraut ohne Wacholderbeeren! In der Küche sorgen die getrockneten Beerenzapfen für den richtigen Geschmack. Auch beim Räuchern und Pökeln liefern Holz, Zweige und Beeren des Wacholders ein gutes Aroma. Nicht zuletzt dienen die Beeren als Rohstoff für die Herstellung von Schnaps, z. B. Gin, Steinhäger oder Genever.

Typisch

Die harten und stechend spitzen Nadeln sitzen immer zu dritt am Zweig. Stets sind »Beeren« in unterschiedlichem Reifegrad an einer Pflanze zu sehen.

BLÜTEZEIT/FRUCHTZEIT

J	F	M	A	M	J	J	A	S	O	N	D

Zusammen mit Heidekraut prägen Wacholderbüsche das typische Bild der Heidelandschaft.

Gewöhnliche Eibe (A, G)

Taxus baccata

In der Antike war die Eibe den Todesgottheiten geweiht und bis heute wird sie vielfach auf Friedhöfen gepflanzt. Dabei leben die knorrigen, immergrünen Nadelbäume selbst fast ewig. Sie sollen ein Alter von bis zu 3000 Jahren erreichen. Auf jeden Fall wachsen sie sehr, sehr langsam. An einem optimalen Standort dauert es 20–30 Jahre, bis sie zum ersten Mal blühen. Wenn sie besonders wenig Licht abbekommen, kann es auch schon mal 100 Jahre dauern.

Die süßlich schmeckenden Früchte werden gern von Vögeln verzehrt, die damit die harten, unverdaulichen Samen weit verbreiten.

VORKOMMEN in schattigen Misch- und Buchenwäldern sowie im Unterholz von Bergwäldern an feuchten Hängen. In freier Natur sind die bei uns unter Naturschutz stehenden Bäume aber selten geworden, viel öfter sieht man sie in Parks und Gärten

GRÖSSE 5–15, selten bis 20 m hoher Baum

VERWENDUNG Ihr hartes und widerstandsfähiges, aber doch biegsames Holz ist für Schnitzereien überaus geschätzt. In alter Zeit fertigte man Bögen und Speere daraus. Weil Eiben nach einem Schnitt leicht wieder durchtreiben und dann sehr dicht wachsen, sind sie auch als Formhecken beliebt.

ACHTUNG! Der fleischige, rote Samenmantel ist das Einzige, was an der Eibe nicht giftig ist. Vor allem für Pferde kann es fatal sein, wenn sie die Nadelblätter fressen. Eine gute Handvoll davon kann bereits tödlich wirken.

Typisch

Unverkennbar ist der leuchtend rote, fleischige Samenmantel, der den schwarzen Samen umgibt.

BLÜTEZEIT/FRUCHTZEIT

J	F	M	A	M	J	J	A	S	O	N	D

Weißtanne

Abies alba

Die Zapfen der Weißtanne stehen aufrecht wie Kerzen auf den Zweigen.

In den meisten Fällen ist das, was landläufig als »Tannenbaum« bezeichnet wird, in Wirklichkeit eine Fichte (siehe Seite 56/57). Reine oder gemischte Tannenwälder gibt es in Europa nur noch wenige. Dass die Tannenbestände fast überall immer weiter zurückgehen, ist unter anderem auf den Wildbestand zurückzuführen. Weil die Nadeln der Tanne weicher und außerdem nicht so spitzig sind wie die der Fichten, werden junge Tannen von Rehen und Hirschen lieber abgefressen als junge Fichten. Was zur Folge hat, dass in unseren wildreichen Wäldern der Tannennachwuchs kaum noch eine Chance hat.

VORKOMMEN in mittleren Gebirgslagen Mittel- und Südeuropas, vor allem in Mischwäldern, selten in Reinbeständen; außerhalb des natürlichen Verbreitungsgebiets auch forstlich kultiviert

GRÖSSE 30–50 m hoher Baum

VERWENDUNG Das helle Holz der Tanne harzt nicht und schwindet beim Trocknen kaum. Daher eignet es sich bestens als Konstruktionsholz. Als Weihnachtsbäume hingegen werden heute meist die verwandten Nordmanntannen angeboten, die aus dem Kaukasus stammen und die trockene Wohnungsluft besser verkraften ohne zu nadeln.

BLÜTEZEIT/FRUCHTZEIT

J	F	M	A	M	J	J	A	S	O	N	D

Typisch

Die Schuppen von Tannenzapfen lösen sich in der Reife einzeln ab und fallen zu Boden, woraufhin die Zapfenspindeln kahl am Zweig verbleiben (siehe kleines Bild).

Nordmanntanne

Abies nordmanniana

22 Millionen Weihnachtsbäume stehen jedes Jahr in deutschen Wohnzimmern, der größte Teil davon sind Nordmanntannen. Ihre dichten Zweige und die nicht pieksenden, lange nicht abfallenden Nadeln machen die Zuwanderer aus dem Osten zum idealen Christbaum. Zehn bis zwölf Jahre lang werden die Bäumchen eigens für diesen Zweck herangezogen, meist nicht im normalen Wald, sondern in großen, eingezäunten Plantagen.

Die bis zu 20 cm langen, rotbraunen Zapfen stehen aufrecht auf den Zweigen. Oft sind sie mit Harztropfen bedeckt. Zwischen ihren dickeren Samenschuppen ragen zipfelige, dünne Deckschuppen hervor.

VORKOMMEN ursprünglich im Kaukasus und in Armenien beheimatet; in Mitteleuropa als Parkbaum und Gartengehölz eingeführt

GRÖSSE gewöhnlich ein bis 30 m hoher Baum, in Ausnahmefällen auch bis zu 60 m hoch

VERWENDUNG Weil die Nordmanntanne nicht besonders frostfest und schädlingsresistent ist, wird sie in Mitteleuropa kaum forstlich angebaut. Sie ist jedoch ein beliebter Parkbaum und schmückt viele Gärten. Ihr harzfreies Holz gilt als ideal für Musikinstrumente sowie als Bauholz für den Innenausbau. Jungbäume werden als Weihnachtsbäume geschlagen.

BLÜTEZEIT/FRUCHTZEIT

J	F	M	A	M	J	J	A	S	O	N	D

Typisch

Die starren, aber stumpfen Nadeln der Nordmanntanne tragen auf der Unterseite zwei markante weiße Längsstreifen.

Gewöhnliche Fichte

Picea abies

Typisch

Die ausgereiften Zapfen hängen von den Zweigen herab. Nachdem sie ihre Samen entlassen haben, fallen sie als Ganzes ab.

Von Natur aus war die Fichte in Mitteleuropa ein typischer Baum des Berglands. Erst der Mensch hat sie herabgeholt ins Hügel- und Flachland, wo der genügsame und anpassungsfähige Baum zum »Brotbaum« der Forstwirtschaft wurde. Dass der monotone Stangenwald einer Fichtenanbaufläche kaum den Namen Wald verdient, steht auf einem anderen Blatt. Weil Monokulturen aber besonders anfällig sind für Krankheiten und Schädlingsbefall und die sehr flach wurzelnden Fichten zudem bei Stürmen leicht umgerissen werden, streben die Forstleute heute zunehmend wieder Mischkulturen an.

VORKOMMEN ursprünglich von etwa 800 m bis in 2000 m Höhe in den Alpen; in Tieflagen forstwirtschaftlich gepflanzt, bildet hier oft große Bestände von Stangenwald

GRÖSSE 30–50 m hoher Baum mit schlanker Kante

VERWENDUNG Das helle, relativ leichte und weiche Holz der Fichte wird als Bauholz, Brennholz und Möbelholz sowie als Rohstoff für Papier genutzt. Doch es dient auch edleren Zwecken. Die berühmten italienischen Geigenbauer etwa wählten Stämme von langsam und gleichmäßig gewachsenen Bergfichten zur Herstellung ihrer Instrumente.

Bis zu 16 cm lang werden die hängenden Zapfen. Die weiblichen Blütenstände, aus denen sie sich entwickeln, sind rötlich und stehen noch aufrecht am Zweig.

BLÜTEZEIT/FRUCHTZEIT

J F M A M J J A S O N D

Serbische Fichte

Picea omorica

Obwohl die Serbische Fichte in unzähligen Vorgärten in ganz Mitteleuropa anzutreffen ist, betrachten Botaniker sie doch als eine ausgesprochene Rarität. Ihr natürliches Vorkommen beschränkt sich

Typisch

Die etwa 2 cm langen, oberseits glänzend dunkelgrünen Nadeln tragen auf ihrer Unterseite je zwei auffällige, silberweiße Längsstreifen.

Die zunächst violett überlaufenen jungen Zapfen entwickeln sich in wenigen Monaten zu 4–6 cm langen, herabhängenden, harzigen Zapfen.

Wenngleich die Blütenstände nur im oberen Kronenbereich auftreten, sind sie durch ihre kräftig rote Färbung gut zu sehen.

nämlich auf nur etwa 60 Hektar in einem unzugänglichen Bergland auf der Balkanhalbinsel. Ein Großteil ihres Bestandes steht heute im Pančić-Nationalpark unter strengem Schutz. Dank des schlanken Wuchses und der meist herabhängenden Äste kommt sie auch in Regionen mit schneereichen Wintern gut zurecht, denn der Schnee rutscht von den Ästen ab.

VORKOMMEN natürliche Bestände im Grenzgebiet von Serbien und Bosnien; europaweit in Gärten angepflanzt

GRÖSSE 30–35 m hoher Baum mit auffallend schlankem, oft fast säulenförmigem Wuchs

VERWENDUNG Heute ist die Serbische Fichte der wohl am häufigsten gepflanzte Nadelbaum in mitteleuropäischen Gärten. Sie hat sich als enorm robustes und anspruchsloses Gehölz erwiesen und verträgt sowohl Trockenheit wie Luftverschmutzung, weshalb sie auch in Städten gut zu kultivieren ist.

BLÜTEZEIT/FRUCHTZEIT

J	F	M	A	M	J	J	A	S	O	N	D

Douglasie

Pseudotsuga menziesii

Douglasien wollen immer hoch hinaus. Die schlanken Nadelbäume zählen zu den höchsten Bäumen Europas, vereinzelt erreichen sie bei uns 60 m und mehr. Doch von ihren Artgenossen in Amerika werden sie noch locker übertrumpft. Dort maß das höchste jemals vermessene

Typisch

Die einzeln stehenden, relativ weichen Nadeln verströmen, wenn man sie zwischen den Fingern zerreibt, einen aromatischen Duft, der an Orangen erinnert.

Die weiblichen Blütenstände springen nach oben hin auf, während die männlichen geschlossen nach unten hängen.

Die bis zu 10 cm langen Zapfen hängen am Zweig. Zwischen ihren derben Samenschuppen ragen dünne, dreizipfelige Deckschuppen heraus.

Exemplar sage und schreibe 133 m. Das ist der Weltrekord unter den Bäumen. Den deutschen Rekord hält übrigens derzeit eine Douglasie, die im Stadtwald von Freiburg im Breisgau steht und 63,33 m misst.

VORKOMMEN beheimatet an der Pazifikküste Nordamerikas; im 19. Jahrhundert nach Europa eingeführt, seither hier in Parks und Gärten gepflanzt und als Forstbaum kultiviert

GRÖSSE in Europa 45–50 m hoher Baum, manchmal noch höher

VERWENDUNG Die raschwüchsige Douglasie stellt in Europa die bei weitem wichtigste nicht heimische Forstbaumart dar. Ihr rötliches Holz ist für so gut wie alles Hölzerne zu verwenden, vom Möbelfurnier bis zum Dachstuhl, vom Schiffsmasten bis zum Bierfass, vom Parkett bis zur Tischplatte.

BLÜTEZEIT/FRUCHTZEIT

J	F	M	A	M	J	J	A	S	O	N	D

Kanadische Hemlocktanne

Tsuga canadensis

Hemlock ist das englische Wort für Schierling. Wir haben also eine »Schierlingstanne« vor uns, eine Namensgebung, die auf den ersten Blick nur schwer verständlich ist. Zerreibt man allerdings die Nadeln des mächtigen Baums zwischen den Fingern, verströmen diese einen Geruch, der tatsächlich an die Blätter des giftigen Schierlings erinnert. Hemlocktannen tragen, wie auch viele andere Nadelbäume, ihre männlichen und weiblichen Blütenstände jeweils an den einjährigen Zweigen. Die männlichen sind jedoch mit nur einigen Millimetern Durchmesser so klein, dass man sie vom Erdboden aus kaum sehen kann. Die weiblichen entwickeln sich zu immerhin rund 2,5 cm großen Zapfen mit wenigen, breiten Schuppen.

VORKOMMEN ursprünglich stammt die Kanadische Hemlocktanne aus dem westlichen Nordamerika. Heute ist sie auch in Europa ein häufiger Zierbaum, der besonders auf feuchten, schattigen Flächen gut gedeiht

GRÖSSE 10–30 m hoher Baum

VERWENDUNG Anders als in Amerika wird die Hemlock bei uns nur selten in der Forstwirtschaft genutzt, dafür aber oft als dekoratives Parkgehölz gepflanzt. Ihr gelbliches, nicht harzendes Holz ist weich und leicht und wird gern zum Saunabau verwendet.

BLÜTEZEIT/FRUCHTZEIT

J	F	M	A	M	J	J	A	S	O	N	D

Typisch

Die ungleich großen Nadeln der Hemlocktanne stehen in 2–3 Reihen an den Seiten der Triebe, die kleinen, ovalen Zapfen hängen an den Zweigen.

Junge grüne und reife braune Zapfen hängen zur selben Zeit an den Zweigen, denn die Zapfen reifen zwar innerhalb eines Jahres, fallen aber erst im nächsten oder gar übernächsten Jahr ab.

Zirbelkiefer

Pinus cembra

Bis zu 1000 Jahre alt kann eine Zirbelkiefer werden, ein wahrer Methusalem unter den Gebirgsbäumen. Während alte, freistehende Bäume oft recht bizarre Kronenformen entwickeln und krumm- oder mehrstämmig sind, bleiben Zirbelkiefern oder Arven, wie sie in der Schweiz genannt werden, in größeren Beständen eher säulenförmig schlank. Oft stehen sie in Gesellschaft von Lärchen (siehe Seite 72/73). Die Verbreitung der Zirbelkiefer wird vor allem vom Tannenhäher geleistet, der sich hauptsächlich von ihren Samen ernährt. Der Vogel legt im Herbst in lockerem Boden Vorratsverstecke für den Winter an. Samen, die er nicht wieder findet, können dann im folgenden Jahr auskeimen.

VORKOMMEN in Europa nur in den Alpen und Karpaten, von etwa 1300 bis 2800 m Höhe

GRÖSSE bis 25 m hoher Baum

VERWENDUNG Das rötliche, stark aromatisch duftende Holz der Zirbelkiefer wurde im Alpenraum häufig zum Hausbau verwendet.

Typisch

Die Zirbelkiefer ist die einzige Kiefernart in Mitteleuropa, deren Nadeln zu fünft in Büscheln beieinanderstehen.

Die kleinen, eiförmigen männlichen Blüten sitzen zuhauf an der Basis frischer Nadeltriebe.

Die weiblichen Blütenzapfen sind purpurrot und kurz gestielt. Sie erscheinen an den Zweigspitzen.

Heute nimmt man das lebhaft gezeichnete Holz vor allem für Wandvertäfelungen von Bauernstuben, für Bauernmöbel und zu Drechselarbeiten her. Die kantigen, etwa 1 cm großen Samen (»Zirbelnüsse«) gelten als Delikatesse. Sie enthalten rund 40 % Öl. Die Ernte ist allerdings mühsam: Man legt aufgesammelte Zapfen in den Backofen und erhitzt sie leicht, bis sie aufspringen und die Samen freigeben.

BLÜTEZEIT/FRUCHTZEIT

J	F	M	A	M	J	J	A	S	O	N	D

Bergkiefer

Pinus mugo

Kaum ein anderer Baum kommt so vielgestaltig daher wie die Bergkiefer. Während sie vorwiegend in den unteren Gebirgslagen zu einem stattlichen Baum heranwächst, der oft auch Spirke genannt wird,

bildet sie im Hochgebirge eine nur 1–3 m hohe Krüppelform, die als Latsche oder Legföhre bezeichnet wird. Im sogenannten Krummholzgürtel stellen die Latschen die Gehölzgrenze dar. Ihre niederliegenden, elastischen Äste ermöglichen es ihnen, auch noch solche Berghänge zu besiedeln, auf denen häufig Lawinen niedergehen, welche alle anderen Bäume zerstören.

Die gelben männlichen Blütenstände sitzen dicht gedrängt an der Basis junger Triebe.

VORKOMMEN im höheren Bergland, in den Alpen etwa bis in 2500 m Höhe; auch in Hochmooren

GRÖSSE je nach Standort ein bis zu 25 m hoher Baum oder auch nur strauchförmig

VERWENDUNG Aus den Nadeln und Zweigspitzen gewinnt man das Latschenkiefernöl, das als Duftöl in der Sauna sowie als Inhalat bei Erkältungen Verwendung findet. In Gärten werden Latschen gern als niedrig bleibende, immergrüne Ziergehölze gepflanzt.

Typisch

Die bis zu 8 cm langen Nadeln stehen paarweise zusammen und haben eine stumpfe Spitze. Die kleinen, rundlichen Zapfen sitzen zu mehreren an den Triebenden.

BLÜTEZEIT/FRUCHTZEIT

J F M A M J J A S O N D

Schwarzkiefer

Pinus nigra

Schwarzkiefern sind höchst vielgestaltige Bäume, mit mehr oder weniger breiten Kronen, mehr oder weniger großen Zapfen und mehr oder weniger langen Nadeln, je nach ihrer regionalen Unterart. Was in Mitteleuropa am häufigsten in Gärten gepflanzt wird, ist die Österreichische Schwarzkiefer, denn nur sie erweist sich als ausreichend winterhart. Durch ihre dicht benadelten, jahrzehntelang bis zum Boden reichenden Zweige hat sie überdies einen besonders hohen Zierwert. Erst ältere Exemplare zeigen mehr von ihrem Stamm. Sie tragen dann eine sehr grobrissige, graue bis fast schwarze Borke, was der Art den Namen Schwarzkiefer eintrug.

VORKOMMEN in Gebirgen des südlichen Europas und Kleinasiens, auch in Teilen Österreichs; in Mitteleuropa als Park- und Gartengehölz sowie als Waldbaum gepflanzt

GRÖSSE bis zu 30 m, manchmal sogar bis zu 50 m hoher Baum mit meist breiter, im Alter oft sehr unregelmäßiger Krone

VERWENDUNG Rinde und Holz der Schwarzkiefer sind sehr harzreich, was früher vor allem in Italien und Österreich genutzt wurde. Durch Einschnitte in den Baumstamm gewannen die sogenannten »Pecher« das Harz, aus dem durch Destillation Terpentinöl hergestellt wurde. Der Rückstand, das Kolophonium, diente unter anderem zum Löten und zum Behandeln von Geigenbogen. Das Holz der Schwarzkiefer wird als Bauholz für Pfähle und Balken verwendet. Weil es nicht knarrt, ist es vor allem für Dielenbretter beliebt und dient oft als Boden für Theaterbühnen.

BLÜTEZEIT/FRUCHTZEIT

J	F	M	A	M	J	J	A	S	O	N	D

Vor allem im Gebirge erreichen Schwarzkiefern oft ein hohes Alter. Bis zu 800 Jahre alte Exemplare sind bekannt.

Waldkiefer

Pinus sylvestris

Von der Steinzeit bis ins 19. Jahrhundert hinein gab die Waldkiefer oder Föhre den Menschen Licht. Ihr harzreiches und daher lang brennendes Holz stellte als Fackel das wohl meistgebrauchte Beleuchtungsmittel dar (Kienspan). Davon leitet sich auch der Name des Baumes ab: Das noch im Mittelalter gebräuchliche »Kinfohren«, also Kien-Föhre, wurde allmählich zusammengezogen zu Kiefer. Das aus angeritzten Stämmen austretende Harz diente auch zur Gewinnung von Terpentinöl, Kolophonium und Pech (siehe Schwarzkiefer, Seite 68/69). Auch Bernstein besteht übrigens hauptsächlich aus dem Harz fossiler Kiefern.

Die Zapfen sitzen einzeln oder zu zweit an den Zweigen. Die in ihnen verborgenen Samen kommen erst im zweiten Jahr zur Reife.

In dichten Büscheln stehen die männlichen Blütenstände an der Basis junger Triebe.

VORKOMMEN Von allen Nadelgehölzen Eurasiens hat die Waldkiefer das größte Verbreitungsgebiet. Sie wächst von Spanien und Schottland über Skandinavien und den Kaukasus bis Sibirien und die Mongolei. In Mitteleuropa ist sie forstwirtschaftlich eine der meistverbreiteten Baumarten.

GRÖSSE 20–30, manchmal auch bis zu 40 m hoher Baum mit im Alter oft sehr unregelmäßiger Krone

VERWENDUNG Das zwar harzreiche und relativ weiche Holz wird als Bau- und Möbelholz geschätzt, weil es sehr dauerhaft ist und zudem beim Trocknen nur sehr wenig schwindet. Es zählt zu den wichtigsten Nutzhölzern im eurasischen Raum.

BLÜTEZEIT/FRUCHTZEIT

J	F	M	A	M	J	J	A	S	O	N	D

Typisch

Bei älteren Bäumen entwickelt sich im oberen Stammbereich eine feinschuppige, rotbraun bis rostrot gefärbte Rinde, weshalb die Art auch oft Rotföhre genannt wird.

Europäische Lärche

Larix decidua

Als einziger unserer Nadelbäume ist die Lärche nicht immergrün. Ihre Nadelblätter verfärben sich im Herbst leuchtend gelb und fallen ab. Im Frühling treiben dann neue Nadeln aus, die den Baum mit einem zarten Hellgrün überziehen. Weil die weichen Nadeln nicht durch eine derbe Wachsschicht geschützt sind wie bei anderen Nadelbäumen, würde der Baum im Winter über sein Laub viel Wasser

Die kleinen, aufrecht stehenden Zapfen bleiben an den Zweigen, auch wenn die reifen Samen bereits ausgefallen sind. Erst nach 5–10 Jahren fallen sie mitsamt dem Zweig ab.

verdunsten – was die Wurzeln aus dem gefrorenen Boden nicht nachliefern können. Indem die Nadeln abgeworfen werden, wird dieser Wasserverlust verringert und ein Vertrocknen verhindert.

VORKOMMEN natürliche Bestände in den Alpen bis in 2300 m Höhe, in den Sudeten und Karpaten; darüber hinaus forstlich sowie als Garten- und Parkgehölz angebaut

GRÖSSE bis zu 40 m hoher Baum mit meist sehr gleichmäßiger, kegelförmiger Krone

VERWENDUNG Das gleichmäßig gemaserte Lärchenholz stellt ein hochgeschätztes Material für Fußböden, Decken- und Wandverkleidungen sowie für Möbel dar. Weil es sehr fest und außerdem unempfindlich gegen Wasser, Säuren und Pilzbefall ist, wird es auch zum Schiffsbau verwendet. Lange Zeit fertigte man auch Wasserrohre daraus.

Typisch

Die weichen Nadeln sprießen in Büscheln von 20–40 Stück aus den braunen »Knubbeln« der Kurztriebe.

BLÜTEZEIT/FRUCHTZEIT

J	F	M	A	M	J	J	A	S	O	N	D

Abendländischer Lebensbaum (G)

Thuja occidentalis

Er war eines der ersten Gehölze, das aus der Neuen Welt nach Europa gelangte. Bereits Mitte des 16. Jahrhunderts fasste der anspruchslose und völlig winterharte Abendländische Lebensbaum hier Fuß. Heute begrünen Thujen, wie die Art gärtnerisch meist genannt wird, in zahllosen Zuchtsorten die Gärten in ganz Europa.

Typisch

Wenn man die Blättchen zerreibt, verströmen sie einen intensiven, aromatisch-herben Geruch.

BLÜTEZEIT/FRUCHTZEIT

J F M A M J J A S O N D

Die hellbraunen, lediglich gut 1 cm großen Zapfen bestehen aus nur 4–5 Schuppenpaaren, die in der Reife im zweiten Jahr weit auseinanderklaffen. Oft bleiben sie leer noch bis zum Winter am Baum.

VORKOMMEN beheimatet im nordöstlichen Nordamerika; in Europa in Gärten, Parks und Friedhöfen gepflanzt

GRÖSSE in der Wildform ein bis zu 20, gelegentlich sogar bis zu 30 m hoher Baum; als Ziergehölz in einer Vielzahl von Zuchtformen auftretend

VERWENDUNG Als dichte und schnittfeste Hecken umgrenzen Thujen viele Gärten, und zwergwüchsige Ziersorten schmücken zahllose Vorgärten. Säulenförmig wachsende Sorten werden häufig auf Friedhöfen gepflanzt, wo sie die in Mittel- und Nordeuropa nicht gedeihenden Zypressen ersetzen. Das leichte Holz des Lebensbaums findet gerne im Schiffs- und Bootsbau Verwendung. Medizinisch weiß man die Inhaltsstoffe des Baums zu nutzen, etwa gegen Warzen oder manche Hautkrankheiten.

ACHTUNG! Der Lebensbaum ist in sämtlichen Teilen stark giftig. Bei empfindlichen Personen kann es schon bei Berührung der Zweige zu Hautreizungen kommen.

Die stumpfen, schuppenförmigen Nadelblätter liegen den Zweigen in vier Längsreihen eng an.

Lawsons Scheinzypresse (G)

Chamaecyparis lawsoniana

In ihrer Heimat, wo sie Oregon-Zeder genannt werden, wachsen diese Scheinzypressen zu mächtigen, bis zu 60 m hohen Baumriesen heran. Das größte vermessene Exemplar hatte einen Stammdurchmesser von 3,65 m. So gewaltig der ganze Baum auch ist, so winzig sind seine Blüten: Sie bringen es auf gerade mal 5 mm Länge. Bereits im Herbst erscheinen die zahlreichen Blütchen an den Zweigspitzen, wo sie als Knospen überwintern und im Frühjahr ihre Entwicklung beenden.

VORKOMMEN ursprünglich an der Westküste der USA; in Mitteleuropa als Ziergehölz gepflanzt

Dank ihrer karminroten Farbe und dem massenhaften Erscheinen stellen die männlichen Blüten trotz ihrer Winzigkeit einen aparten Baumschmuck dar.

Die kugeligen, gerade mal 1 cm großen Zapfen sind anfangs bläulich purpurfarben, mit zunehmender Reife dann zunehmend rotbraun getönt.

Die feinen Zweiglein breiten sich fächer- oder fast federförmig in einer Ebene aus und geben dem Baum ein filigranes Aussehen.

GRÖSSE in Kultur bis zu 30 m hoher Baum mit schmaler, kegelförmiger Krone

VERWENDUNG Das weißlichgelbe, harzfreie Holz ist in den USA beliebt für den Bootsbau, denn es ist sehr leicht. Auch als Möbelholz und für Drechslerarbeiten wird es gerne verwendet, lässt es sich doch gut bearbeiten und duftet zudem zart nach Rosen.

ACHTUNG! Die Lawsons Scheinzypresse ist in allen ihren Teilen giftig.

BLÜTEZEIT/FRUCHTZEIT

J	F	M	A	M	J	J	A	S	O	N	D

Typisch

Im Gegensatz zum ähnlichen Abendländischen Lebensbaum (siehe Seite 74/75) hat die Lawsons Scheinzypresse stets einen überhängenden Wipfeltrieb.

Blätter gefiedert

Besenginster (G)

Cytisus scoparius

Der leuchtend gelb blühende Strauch hat sich einiges einfallen lassen, um seine Fortpflanzung zu sichern. Er produziert in seinen Blüten keinen Nektar, sondern sorgt durch einen raffinierten Klappmechanismus dafür, dass gelandete Hummeln gleich beim Eingang der Blüte den Pollen in den Pelz gedrückt bekommen. So tragen sie ihn weiter zu anderen Blüten. Zur Verbreitung der Samen bedient sich der Besenginster der Ameisen. Die kleinen, harten Samen tragen ein ölhaltiges Anhängsel, das Ameisen besonders lieben. Sie verschleppen es samt dem Samen, fressen es, der Samen bleibt übrig und kann mit Glück keimen.

Typisch

Außerhalb der Blüte wirkt der Besenginster ziemlich kahl, seine Blätter fallen früh ab. Die grünen Triebe sind deutlich fünfkantig.

VORKOMMEN an Wegrändern und Böschungen, auf Brachflächen, in lichten Laubwäldern; vor allem auf lockeren, steinigen oder sandigen Böden, meidet Kalkböden

GRÖSSE 1–2 m hoher Strauch

VERWENDUNG Der Name sagt es schon: Früher wurden die rutenförmigen Zweige des Besenginsters zu Besen gebunden.

ACHTUNG! Der Strauch enthält in sämtlichen Teilen Substanzen, die für uns Menschen stark giftig sind. Wildtiere wie Hasen und Rehe können seine Triebe dagegen unbeschadet abweiden.

Die 2–2,5 cm langen Schmetterlingsblüten strahlen auffällig goldgelb.

BLÜTEZEIT/FRUCHTZEIT

J	F	M	A	M	J	J	A	S	O	N	D

An der jungen, behaarten Samenhülse hängen noch die trockenen Reste von Blütenorganen.

Gewöhnlicher Stechginster (G)

Ulex europaeus

Solange der Stechginster ein kleines Keimpflänzchen ist, trägt er noch weiche, kleeblattartige Laubblätter. Doch das ist bald vorbei. Alle späteren Blätter werden zu stechenden, pfriemartigen Dornen umgebildet. Noch empfindlicher stechen die harten Dornspitzen, in die sämtliche Seitenzweige auslaufen. Weil der Strauch durch diese Umbildungen kaum noch über Blattfläche verfügt, sitzt bei ihm das Blattgrün in den Zweigen und Dornen, die damit die Photosynthese übernehmen.

Typisch

Die sparrigen Zweige des Stechginsters sind grün gefärbt, längsgerieft und außerordentlich dicht verzweigt.

Die zahlreichen, goldgelben, etwa 2 cm großen Blüten werden hauptsächlich von Bienen und Hummeln bestäubt.

VORKOMMEN beheimatet im atlantischen Europa, von Nordspanien bis zu den Britischen Inseln; Charakterart der sogenannten Atlantischen Heide; in Mitteleuropa, Südskandinavien, Italien und Dalmatien eingebürgert, in Deutschland hauptsächlich in der Küstenregion

GRÖSSE bis zu 2 m hoher, sparriger Strauch

VERWENDUNG Als Hecke gibt der Stechginster eine wirksame Begrenzung für Viehweiden ab. Wo er reichlich wächst (etwa in England), dienen seine Zweige als Viehfutter, nachdem sie zwischen Walzen gequetscht und damit »entschärft« wurden. Die Blüten schließlich können zum Gelbfärben von Textilien verwendet werden.

ACHTUNG! Auch wenn viele Tiere den Stechginster unbeschadet fressen – für den Menschen sind seine Zweige und vor allem seine Samen stark giftig!

BLÜTEZEIT/FRUCHTZEIT

J	F	M	A	M	J	J	A	S	O	N	D

Gewöhnliche Mahonie

Mahonia aquifolium

Der immergrüne Strauch gibt sich ziemlich kratzbürstig: Zwar trägt er keine Dornen an den Zweigen wie die nah verwandten Berberitzen, dafür sind seine lederharten Blätter an den Rändern von stechenden Spitzen gesäumt. Die nordamerikanischen Indianer schätzten ihn trotzdem. Sie wussten seine Blätter in ihrer traditionellen Medizin gegen Hauterkrankungen einzusetzen.

Die etwa 8 mm großen Früchte sind in der Reife purpurschwarz, wirken durch ihre Bereifung aber bläulich.

Der Rand der ovalen Blätter ist stachlig gezähnt, die Blätter selbst sind unpaarig gefiedert.

VORKOMMEN Beheimatet im nordwestlichen Nordamerika, wird die Mahonie bei uns als Ziergehölz in Parks und Gärten gepflanzt. Von dort ist sie gelegentlich verwildert und wächst dann an Waldrändern, in Gebüschen, auf Brachflächen oder an Gewässerufern.

GRÖSSE 50–150 cm hoher Strauch

VERWENDUNG Als Zierstrauch wird die Mahonie rund ums Jahr geschätzt, im Frühjahr aufgrund ihrer leuchtend gelben Blüten, im Herbst dank ihrer dekorativen Früchte. Überdies gibt es heute Zuchtformen, die sich mit purpurroter Belaubung schmücken. (Aus den erbsengroßen, stark sauren Beeren lässt sich Marmelade bereiten, die aber wegen des leichten Alkaloidgehalts nur in geringen Mengen genossen werden sollte.)

Typisch

Die Kombination der bestachelten Blätter mit den gelben Blüten beziehungsweise später den bläulichen Beeren lässt keine Verwechslung zu.

BLÜTEZEIT/FRUCHTZEIT

J	F	M	A	M	J	J	A	S	O	N	D

Kartoffelrose

Rosa rugosa

Unermüdlich ist die Kartoffelrose, wenn es ums Blühen geht. Zwar liegt ihre Hauptblüte im Juni, doch noch bis Mitte September bringt sie immer neue Blüten hervor. Das führt dazu, dass ab dem Hochsommer Blüten und Früchte zur gleichen Zeit am Strauch sind. Rosenzüchter kreuzen diese Art häufig bei der Züchtung mehrfachblühender Strauchrosen mit ein. Ihre dichte Belaubung wird von dunkelgrünen, auffallend runzeligen Blättern gebildet, was dem Strauch auch den Namen Runzelrose eingetragen hat.

Bis zu 8 cm im Durchmesser haben die aparten Schalenblüten, die in Dunkel- oder Hellrosa, manchmal auch in Weiß an den Zweigen sitzen.

Die großen, abgeflachten Hagebutten erstrahlen in der Reife in leuchtendem Rot.

VORKOMMEN beheimatet in Ostasien; in Mitteleuropa vielfach als Ziergehölz angepflanzt, an der Küste auch verwildert

GRÖSSE 1–2 m hoher, breit ausladender Strauch

VERWENDUNG Da die Kartoffelrose salzverträglich und überdies sehr anspruchslos ist, wird sie oft als Pionierpflanze auf Dünen und an Straßenrändern gepflanzt. Ihre dicken Hagebutten haben einen hohen Fruchtfleischanteil und eignen sich daher gut zur Zubereitung von Konfitüre.

Typisch

Die Zweige der Kartoffelrose sind sehr dicht mit geraden, dickeren und dünneren Stacheln besetzt.

BLÜTEZEIT/FRUCHTZEIT

J	F	M	A	M	J	J	A	S	O	N	D

Bis zu 5 cm Durchmesser erreichen die zarten Schalenblüten, die rosa, aber auch weiß sein können.

Heckenrose

Rosa canina

Ein zarter Rosenduft umweht die aparten Schalenblüten der Hecken- oder Hundsrose. Wenngleich sie keinen Nektar produzieren, werden sie doch von zahllosen Insekten besucht. Die bis zu 100 Staubgefäße in der Blütenmitte bieten diesen eine reiche Pollenmahlzeit. Die leuchtend roten Hagebutten sitzen häufig bis in den Winter hinein, ja selbst bis zum Frühling noch an den Zweigen. Damit stellen sie in der kalten Jahreszeit eine wertvolle Nahrungsquelle für Vögel dar.

VORKOMMEN in ganz Europa mit Ausnahme des hohen Nordens; an Waldrändern, in Gebüschen und Feldgehölzen, an Weg- und Straßenrändern; in Mitteleuropa die häufigste Wildrosenart

GRÖSSE 2–3 m hoher Strauch mit bogig überhängenden Zweigen, bisweilen auch an anderen Gehölzen höher emporklimmend

VERWENDUNG Die enorm Vitamin-C-reichen Hagebutten liefern wohlschmeckende und gesunde Konfitüre oder Mus. Getrocknet werden sie auch gern in Früchtetees gemischt.

BLÜTEZEIT/FRUCHTZEIT

J	F	M	A	M	J	J	A	S	O	N	D

Mit ihrem Gewirr stachelbewehrter Zweige bietet die Heckenrose zahlreichen Kleinvögeln einen sicheren Unterschlupf.

Typisch

Die kräftigen Stacheln der Heckenrose haben eine breite Basis und sind hakenförmig zurückgebogen.

Gewöhnliche Himbeere

Rubus idaeus

»Hindberi« nannte man den Strauch im Mittelalter, was so viel heißt wie »wo sich die Hirschkuh verbirgt«. Hindin ist nämlich der alte Name für Hirschkuh, und die versteckt nicht selten ihre Jungen in dem dichten und kratzigen Gewirr von Himbeerzweigen. Schon im Mittelalter wussten die Menschen die schmackhaften Früchte und gesunden Blätter des Beerenstrauchs so sehr zu schätzen, dass sie ihn in Kultur nahmen.

Die etwa 1 cm großen Blüten haben fünf runde, weiße Kronblätter, zwischen denen spitze Kelchblätter zu sehen sind.

VORKOMMEN in lichten Wäldern und Gebüschen, an Böschungen und Gewässerufern; auf lockeren, nährstoffreichen Böden; fast überall häufig

GRÖSSE 50–150 cm hoher Strauch

VERWENDUNG Die weichen, süßen Beeren schmecken frisch ebenso lecker wie in Form von Saft, Marmelade oder Kuchenbelag. Auch zu Wein, Likör oder Schnaps werden sie gern verarbeitet. Die Blätter und Blüten ergeben einen wohlschmeckenden und gesunden Tee, der in der Volksmedizin gegen Entzündungen und Durchfall eingesetzt wird.

Typisch

Die Unterseiten der Blattflächen tragen einen weißlichen Filz. Die kleinen, dünnen Stacheln an den langen Zweigen sind dunkelrot gefärbt.

BLÜTEZEIT/FRUCHTZEIT

J	F	M	A	M	J	J	A	S	O	N	D

Ackerbrombeere

Rubus caesius

Wo der Boden feucht genug ist, bildet die Ackerbrombeere oder Kratzbeere, wie sie auch genannt wird, oft undurchdringliche Dickichte. Aus unterirdischen Sprossen treiben immer neue Pflanzen aus, und Triebspitzen, die den Boden berühren, können sich bewurzeln und ebenfalls zu neuen Pflanzen heranwachsen. Die für den menschlichen Gaumen wenig schmackhaften Beeren sind bei Vögeln überaus beliebt. Die Reifschicht, mit der sie überzogen sind, reflektiert vor allem den UV-Anteil des Sonnenlichts. Damit werden die Früchte für Vogelaugen, die anders als wir auch das UV-Licht sehen können, besonders auffällig. Wenn auch die Beeren keine Leckerbissen sind, aus den Blättern lässt sich ein entzündungshemmender Tee gewinnen.

Die reinweißen Blüten bieten dem Insektenvolk den Nektar ganz offen an, sodass auch kurzrüsselige Fliegen an ihn gelangen können.

Die saftigen Früchte setzen sich aus weniger Teilfrüchtchen zusammen als die der Gewöhnlichen Brombeere und fallen leicht auseinander.

VORKOMMEN auf feuchten bis nassen Böden an Waldrändern, in Auwäldern und Gebüschen, an Gewässerufern, auf Brachland; in fast ganz Europa

GRÖSSE 30–80 cm hoher Strauch mit bogig überhängenden Zweigen oder mit kriechenden Trieben

VERWENDUNG Der herbe Geschmack der Kratzbeeren reicht nicht an den der Brombeeren heran. Doch in Mischkonfitüre machen sie sich durchaus gut. Auch der bekannte »Kroatzbeer-Likör« wird aus den Früchten hergestellt.

BLÜTEZEIT/FRUCHTZEIT

J	F	M	A	M	J	J	A	S	O	N	D

Typisch

Die Triebe sind dicht mit nadelartig dünnen Stacheln besetzt, die entweder gerade abstehen oder leicht nach rückwärts gebogen sind.

Gewöhnliche Brombeere

Rubus fruticosus

Brombeeren zählen im Sommer zu unseren beliebtesten Beerenfrüchten. Dabei sind es gar keine Beeren. Botanisch korrekt muss man sie als Sammelsteinfrüchte bezeichnen, bestehen sie doch aus einer Vielzahl saftiger, schwarz glänzender Steinfrüchtchen mit je einem kleinen Steinkern. Eine weitere botanische Besonderheit: Bei dem höchst variablen Strauch handelt es sich um eine sogenannte Sammelart, in der die Wissenschaftler heute rund 100 Kleinarten zusammenfassen. So haben z. B. die meisten fünfteilige Laubblätter, aber auch drei- und siebenteiliges Laub kommt vor.

Die jeweils fünf Kronblätter der Brombeerblüten können reinweiß, aber auch zartrosa sein.

Manche der Brombeer-Sippen entwickeln eine lebhafte Herbstfärbung, während andere den ganzen Winter grün bleiben.

VORKOMMEN an Waldrändern und -lichtungen, in Gebüschen, auf Ödland, an Wegrändern; fast überall in Europa sehr häufig

GRÖSSE Strauch mit bis zu 2 m langen, bogig überhängenden Zweigen

VERWENDUNG Die süßen, aromatischen Früchte enthalten sehr viel Kalium und Vitamin C. Sie schmecken roh ebenso lecker wie auf Kuchen oder in anderen Süßspeisen. Auch Marmelade, Brombeerwein und -likör werden daraus hergestellt. Die gerbsäurehaltigen und daher recht herb schmeckenden Blätter sind in verschiedenen Kräuter- und Medizinaltees enthalten.

Typisch

Die langen, oft rötlich überlaufenen Triebe tragen unzählige, sehr ungleich große Stacheln.

BLÜTEZEIT/FRUCHTZEIT

J	F	M	A	M	J	J	A	S	O	N	D

Gewöhnliche Waldrebe (G)

Clematis vitalba

Die Waldrebe gehört zu den wenigen heimischen Arten von echten Schlingpflanzen, also Lianen. Ihre sommergrünen, verholzten Triebe winden sich bis in die Baumkronen hinauf, wobei sie sich ausschließlich linksherum krümmen. So hübsch die zarten Pinselblüten sind, sie riechen nicht besonders angenehm. Ihre etwas fischigen Duftstoffe locken aber Scharen von Fliegen und Käfern an, die die Bestäubung

Typisch

Von den älteren Zweigen löst sich die graubraune Rinde in langen, dünnen, oft regelrecht zerfaserten Streifen ab.

Das dicke Büschel gelblicher Staubblätter macht die Blüten zu Hinguckern. Oft fallen die cremeweißen Blütenblätter ab und nur der Staubblatt-»Pinsel« bleibt stehen.

übernehmen. Nach der Bestäubung wachsen die Griffel zu langen, fedrigen »Schwänzen« aus. Diese dienen bei der Verbreitung der Samen als Flugorgane, ähnlich den Löwenzahnschirmchen.

VORKOMMEN an feuchten Waldrändern, in Feldgebüschen und lichten Auwäldern, an Fluss- und Bachufern

GRÖSSE Kletterstrauch, der sich an Bäumen und Großsträuchern bis zu 10 m hoch emporwinden kann

ACHTUNG! Die Waldrebe zählt zu den starken Giftpflanzen. Ihr Saft reizt die Haut, er kann sogar zu Blasenbildung ähnlich wie bei Verbrennungen führen. In früheren Jahrhunderten wurde die Pflanze daher auch Teufelszwirn genannt. Alten Berichten zufolge entstellten im Mittelalter Bettler nicht selten ihre Haut mit dem Pflanzensaft, um dadurch Mitleid zu erregen.

BLÜTEZEIT/FRUCHTZEIT

J	F	M	A	M	J	J	A	S	O	N	D

Essigbaum

Rhus typhina

Man schrieb 1620, als der amerikanische Essigbaum erstmals nach Europa gebracht wurde. Seine überaus dekorative Erscheinung verhalf ihm in der neuen Heimat zu rascher Verbreitung. Heute ziert er in zahlreichen Zuchtsorten unsere Parks und Gärten. Dass der Essigbaum im Deutschen auch oft als Hirschkolben-Sumach bezeichnet wird, verdankt er der dichten, samtigen Behaarung seiner jungen Triebe, die an ein Hirschgeweih im Bast erinnern.

VORKOMMEN beheimatet im östlichen Nordamerika; in Europa als Ziergehölz gepflanzt, stellenweise auf Ödland verwildert

GRÖSSE 3–5 m hoher, breit ausladender Strauch oder kleiner Baum

VERWENDUNG Die Indianer Nordamerikas stellten aus den Früchten und Wasser ein erfrischend säuerliches und stark Vitamin-C-haltiges Getränk her. In Europa wurde mancherorts Essig mit den Früchten aromatisiert, worauf der Name Essigbaum zurückgeht. Vor allem aber gewann man aus den Blättern des Baumes Gerbstoffe, die sich besonders gut zum Gerben von feinem Leder eigneten. In den USA, aber ebenso in einigen Ländern Europas, darunter auch Deutschland, wurde der Essigbaum dafür sogar plantagenmäßig angepflanzt. Nicht zuletzt diente er als Färberpflanze, wobei man aus der Rinde einen gelben, aus den Wurzeln einen braunen, aus den Zweigen einen schwärzlichen und aus den Früchten einen roten Farbstoff gewann.

Wie aufgesteckte Kerzen wirken die samtig roten, kolbenartigen Fruchtstände des Essigbaums, die oft bis weit in den Winter hinein erhalten bleiben.

Typisch

Die bis zu 60 cm langen, gefiederten Blätter, die im Herbst in flammenden Orange- und Rottönen aufleuchten, sowie die auffälligen Blüten- und Fruchtstände machen den Essigbaum unverwechselbar.

BLÜTEZEIT/FRUCHTZEIT

J	F	M	A	M	J	J	A	S	O	N	D

Blauregen (G)

Wisteria sinensis

Wie blauviolette Wasserfälle hängen die langen Blütentrauben des Blauregens von den Zweigen. Kein Wunder, dass der Kletterstrauch, der auch als Glyzinie bekannt ist, in seiner chinesischen Heimat schon seit Jahrhunderten in die Gärten gepflanzt wurde. Erst Anfang des 19. Jahrhunderts gelangte er auch nach Europa. So üppig der Strauch jedes Jahr blüht, zur Bildung von Fruchthülsen kommt es bei uns nur selten. Schade eigentlich, denn an den »Bohnen« lässt sich ein interessantes Phänomen beobachten: Bei der Reife platzt die Hülse so ruckartig auf, dass die Samen bis zu 9 m weit herausgeschleudert werden.

VORKOMMEN beheimatet in China; in Europa nur als Ziergehölz gepflanzt

GRÖSSE Kletterstrauch, der bis zu 20–30 m weit an anderen Bäumen oder sonstigen tragenden Unterlagen entlangklettert, sei es waagerecht oder in die Höhe

VERWENDUNG In warmen, sonnigen Lagen wird der Blauregen gerne zum Schmuck von Hausfassaden, Mauern und Pergolen gepflanzt. Er braucht dabei aber stets ein Klettergerüst.

ACHTUNG! Alle Teile der Pflanze, vor allem aber Rinde und Samen sind giftig!

BLÜTEZEIT/FRUCHTZEIT

J	F	M	A	M	J	J	A	S	O	N	D

Typisch

Die schmuckvollen Blütenvorhänge des Blauregens verströmen einen betörend süßen Duft.

Wie grüne Bohnen hängen die bis zu 15 cm langen Früchte an den Zweigen. Bei uns erscheinen sie jedoch nur selten.

Die bis zu 30 cm langen, hellblauen bis blauvioletten Blütentrauben erscheinen im Frühjahr oft noch vor dem Laub.

Gewöhnlicher Goldregen (G)

Laburnum anagyroides

Der Goldregen macht seinem Namen alle Ehre, wenn im späten Frühjahr unzählige gelbe Blütentrauben von seinen Zweigen herabhängen. Später, im Sommer, sind daraus Büschel brauner, bohnenähnlicher Fruchthülsen geworden. So mancher war an heißen Sommertagen in seinem Garten schon höchst irritiert über vernehmliche knackende Geräusche, die aus dem Strauch kamen. Dabei ist es nur das Geräusch, das entsteht, wenn die ausgetrockneten Hülsen aufspringen.

Typisch

Die langgestielten, dreiteiligen Laubblätter erinnern an übergroße Kleeblätter.

Die Büschel von hellbraunen Fruchthülsen bleiben bis weit in den Winter hinein an den Zweigen hängen.

Zahllose gelbe Schmetterlingsblüten reihen sich an den langen Blütentrauben auf.

VORKOMMEN natürliche Verbreitung von Ostfrankreich über die Südalpen bis Südosteuropa, in lichten Wäldern und an sonnigen Felshängen; in Mitteleuropa häufig als Gartenziergehölz gepflanzt

GRÖSSE 3–6 m hoher Strauch oder mehrstämmiges Bäumchen

VERWENDUNG Der Goldregen ist ein beliebtes Ziergehölz für den Garten. (Wo Kinder spielen, sollte man sich die Anpflanzung des Giftgewächses jedoch gut überlegen.) Aus seinem überaus harten Holz wurden früher Armbrustbögen gefertigt. Aufgrund seiner hübschen Maserung wird es noch heute für den Musikinstrumentenbau verwendet.

ACHTUNG! Der Goldregen enthält in allen seinen Teilen, vor allem in den Früchten, ein äußerst starkes Nervengift. Der Verzehr der bohnenähnlichen Früchte und Samen kann, insbesondere bei Kindern, zum Tod durch Atemlähmung führen. Bei Kleinkindern reichen dazu bereits 3–4 Früchte.

BLÜTEZEIT/FRUCHTZEIT

J	F	M	A	M	J	J	A	S	O	N	D

Schwarzer Holunder

Sambucus nigra

Holundersamen, die von Archäologen in Steinzeitsiedlungen ausgegraben wurden, belegen, dass die Menschen schon damals die saftigen Früchte des Strauchs sammelten. Bis heute hat das üppig wachsende Gehölz seine kulturelle Bedeutung nie verloren. Als Sitz von guten Hausgeistern wurde und wird der Hollerbusch oder Fliederbeerbaum praktisch neben jedem Bauernhof gepflanzt, eine Tradition,

Hunderte zarter, weißer Blütensternchen fügen sich zu einer filigranen Schirmrispe zusammen, die bis zu 30 cm im Durchmesser erreichen kann.

die auf die alten Germanen zurückgeht. Einer biblischen Überlieferung nach soll sich der Apostel Judas an einem Holunder erhängt haben, wovon angeblich der etwas strenge Geruch seiner Blätter herrührt. Judasohr heißt auch ein gallertartiger, an eine Ohrmuschel erinnernder Pilz, der fast nur an alten Holunderstämmen wächst.

Die kugeligen, in der Reife glänzend schwarzen Früchte hängen an purpurroten Stängeln weit über.

VORKOMMEN an Waldrändern, auf Lichtungen, in Feldgehölzen, oft auch in Gärten und Parks; einer der häufigsten Sträucher Mitteleuropas

GRÖSSE 3–7 m hoher Strauch oder kleiner, breit ausladender Baum

VERWENDUNG Aus den duftenden Blüten lassen sich köstliche Desserts bereiten oder ein aromatischer Sirup kochen. Mit Sekt oder gekühltem Mineralwasser aufgegossen, ergibt der Sirup erfrischende Sommergetränke. Die Früchte sollten vorsichtshalber nicht roh verzehrt werden, empfindliche Personen reagieren mit Magenverstimmung oder Durchfall darauf. Gekochte Beeren aber lassen sich zu einem aromatischen und sehr vitaminreichen Saft, zu Gelee oder Kompott verarbeiten.

BLÜTEZEIT/FRUCHTZEIT

J	F	M	A	M	J	J	A	S	O	N	D

Typisch

Die Zweige des Schwarzen Holunders sind mit einem weißen, fast styroporartig wirkenden Mark gefüllt.

Traubenholunder

Sambucus racemosa

Bergholunder, Wilder Holunder oder mancherorts auch Hirschholunder wird der Strauch auch genannt, kommt er doch im Gegensatz zum Schwarzen Holunder (siehe Seite 104/105) nur selten in Siedlungsnähe vor. Auch wenn er deutlich kleiner bleibt als sein dunkler Verwandter, braucht er sich doch keineswegs zu verstecken. Mit seinen zahlreichen knallroten, traubigen Fruchtständen, die aus dem Dunkelgrün des Laubes herausleuchten, ist er eine ausgesprochen attraktive Erscheinung.

Typisch

Auch im Winter, ohne Laub und Früchte, lässt sich der Traubenholunder leicht vom Schwarzen Holunder unterscheiden: Das poröse Mark seiner Zweige ist rostbraun gefärbt.

Während die dichten, kegelförmigen Blütenrispen noch aufrecht an den Zweigenden stehen (unten), lässt das Gewicht der saftigen Beeren die Fruchtstände später schwer überhängen (rechts).

VORKOMMEN in lichten Wäldern und Gebüschen, an Felshängen, vor allem im Hügel- und Bergland; selten zusammen mit dem Schwarzen Holunder

GRÖSSE meist nur 1,50–4 m hoher Strauch

VERWENDUNG Roh gegessen sind die Beeren giftig, gekocht und nach Entfernen der Steinkerne kann man sie jedoch verwenden wie die des Schwarzen Holunders. Das Fruchtfleisch ist nicht nur reich an Vitaminen, es enthält in der Trockenmasse auch bis zu 35 Prozent fette Öle, die durch Raffination zu einem wertvollen Speiseöl verarbeitet werden können.

BLÜTEZEIT/FRUCHTZEIT

J	F	M	A	M	J	J	A	S	O	N	D

Nur etwa 0,5 cm groß sind die kleinen, leicht gelblichen Blüten, die in den bis zu 8 cm langen Rispen dicht an dicht aneinanderstehen.

Eberesche

Sorbus aucuparia

Bei den alten Germanen genoss der Vogelbeerbaum, wie die Eberesche oft auch genannt wird, höchste Wertschätzung. Er war dem Donnergott Thor geweiht, in dessen Zuständigkeit nicht nur das Wetter, sondern auch die Vegetation und Fruchtbarkeit fielen. Im Herbst machen sich vielerlei Tiere über die nahrhaften Früchte her, neben zahlreichen Vögeln auch Reh und Hirsch, Fuchs und Dachs. Weil die Samen rücklings unversehrt wieder ausgeschieden werden, tragen die Waldtiere stark zur Verbreitung des Gehölzes bei.

VORKOMMEN in lichten Laub- und Mischwäldern, an Waldrändern, auf Kahlschlägen, in Gebüschen; in fast ganz Europa, vorwiegend im Hügel- und Bergland, im Gebirge bis zur Baumgrenze, in Skandinavien bis zur Eismeerküste; häufig auch als Ziergehölz oder Straßenbaum angepflanzt

GRÖSSE 5–15 m hoher Großstrauch oder Baum

VERWENDUNG Das schön gemaserte, ausgesprochen harte Holz dient als Furnierholz für die Möbeltischlerei sowie für Drechselarbeiten, etwa für Spielzeug. Selbst wenn die orangeroten Früchte (die im botanischen Sinn keine Beeren, sondern kleine Apfelfrüchtchen sind) auch noch im reifen Zustand ziemlich bitter und sauer schmecken, können sie durchaus als wertvolles Obst betrachtet werden. Schließlich enthalten sie mehr Vitamin C als Zitronen oder Orangen. Vielfach werden sie zu Kompotten oder Brotaufstrichen verkocht.

ACHTUNG! In größeren Mengen roh verzehrt können die Früchte Magen- und Darmverstimmungen hervorrufen.

BLÜTEZEIT/FRUCHTZEIT

J	F	M	A	M	J	J	A	S	O	N	D

Typisch

Neben den unverkennbaren Blüten- und Fruchtdolden ist auch die glatt graue, beinahe glänzende Rinde charakteristisch für die Eberesche.

So hübsch die dichten, schirmartigen Blütendolden der Eberesche aussehen, ihr strengwürziger Duft ist nicht jedermanns Sache.

Robinie (G)

Robinia pseudoacacia

Anfang des 17. Jahrhunderts unternahm der Hofgärtner des französischen Königs Ludwig XIII. eine Reise in die Neue Welt. Er brachte von dort einen üppig blühenden und wunderbar duftenden Baum mit zurück nach Paris. Der Name des Hofgärtners war Jean Robin, den Baum nannte man ihm zu Ehren Robinie. Weil er gewisse Ähnlichkeiten mit Akazien aufweist, wird er bei uns auch oft als Falsche Akazie oder Scheinakazie bezeichnet.

Typisch

Der Austrieb des Laubs im Frühjahr erfolgt erst sehr spät (Mai). Bei jedem Blatt reihen sich zahlreiche ovale Teilblättchen entlang einer 20–30 cm langen Mittelrippe auf.

Die Früchte, trockene, braune, herabhängende Hülsen, bleiben meist den Winter über an den Zweigen hängen.

Die herabhängenden, üppigen Blütentrauben verströmen einen betörenden Duft.

VORKOMMEN ursprünglich im atlantischen Nordamerika beheimatet, in Europa als Park- und Forstbaum gepflanzt, inzwischen aber auch vielfach verwildert; wächst auch auf nährstoffarmen Böden

GRÖSSE meist 10–20 m, manchmal bis zu 30 m hoher Baum

VERWENDUNG Weil die Robinie äußerst anspruchslos ist und rasch wächst, wird sie häufig zur Aufforstung von Ödland eingesetzt. Auch in Parks und Gärten wird sie oft gepflanzt, ebenso als Alleebaum. Ihr Holz, das als widerstandsfähiger und langlebiger gilt als Eichenholz, wurde und wird vor allem als Stütz- und Strukturholz verwendet, etwa im Bergbau, für Palisaden oder auf Kinderspielplätzen. Nicht zuletzt werden die nektarreichen Blüten der Robinie von Bienen sehr geschätzt, die aus dem süßen Saft den aromatischen »Akazienhonig« herstellen.

ACHTUNG! Alle Teile des Baums, besonders aber die Samen und die Rinde, sind giftig!

BLÜTEZEIT/FRUCHTZEIT

J	F	M	A	M	J	J	A	S	O	N	D

Walnussbaum

Juglans regia

Schon von den Römern wurden die Walnussbäume einst nach Mitteleuropa gebracht, doch so richtige Verbreitung fanden sie erst zur Regierungszeit Kaiser Karls des Großen. Dieser erließ für sein Reich eine Landgüterverordnung mit einer langen Liste von Kräutern und Nutzpflanzen, die seine Untertanen anbauen sollten, um Nahrung und Arzneimittel zu haben. Auf der Liste stand auch der Walnussbaum. Wenn es auch rund 15 Jahre dauert, bis ein junger Walnussbaum zum ersten Mal Früchte trägt, lohnt sich doch die Geduld. Von einem ausgewachsenen Exemplar lassen sich gut und gern 50 kg Nüsse pro Jahr ernten.

Zusammen mit dem frisch austreibenden Laub erscheinen im Frühjahr lange, hängende Blütenkätzchen.

Die grünen Steinfrüchte enthalten einen verholzten, runzeligen Steinkern. Die stark gefurchten Samen in dessen Innerem sind das, was wir als »Walnusskerne« kaufen können.

VORKOMMEN ursprünglich im östlichen Mittelmeerraum und in Südostasien; in Mitteleuropa als Nutzgehölz gepflanzt; braucht einen warmen, sonnigen Standort

GRÖSSE bis zu 25 m hoher, breitkroniger Baum

VERWENDUNG Das schön gefärbte und gemaserte Holz zählt zu den begehrtesten (und teuersten) Möbelhölzern und wird vor allem zu »Nussbaum«-Furnier verarbeitet. Die Samen der Früchte sind nicht nur eine wohlschmeckende, sondern auch eine sehr nahrhafte Delikatesse. Immerhin enthalten sie bis zu 60 Prozent fettes Öl. Nicht nur Speiseöl, sondern auch Firniss und Ölfarben werden daraus hergestellt. Die äußeren, grünen Fruchtschalen schließlich werden zum Braunfärben von Wolle, aber auch von Spirituosen verwendet. Da der Saft der frischen Schalen die Haut nachhaltig braun färbt, finden sich Extrakte daraus auch in selbstbräunenden Kosmetikprodukten.

Typisch

Die gefiederten Laubblätter können 30–50 cm lang werden. Zerreibt man sie zwischen den Fingern, riechen sie herb bis unangenehm.

BLÜTEZEIT/FRUCHTZEIT

J	F	M	A	M	J	J	A	S	O	N	D

Gewöhnliche Rosskastanie

Aesculus hippocastanum

Der allseits bekannte und beliebte Schattenbaum der Dorfplätze und Biergärten gelangte erst gegen Ende des 16. Jahrhunderts zu uns. Und zwar über Konstantinopel nach Wien. Weil berichtet wurde, die Türken würden mit seinen Früchten ihre Pferde füttern und so deren Husten kurieren, nannte man ihn Rosskastanie. Die weißen Blüten tragen, solange sie befruchtungsfähig sind, gelbe Flecken, die den

Typisch

Im Winter ist die Rosskastanie unschwer an ihren sehr dicken und stark klebrigen, braunen Knospen zu erkennen.

Die kugeligen, stark bestachelten Kapselfrüchte springen in der Reife auf und geben die allbekannten, braun glänzenden Kastanien frei.

Im Herbst verfärben sich die großen, handförmigen Blätter zuerst gelb, dann braun. Für einige Tage ergibt sich dadurch oft ein sehr buntes Bild.

Bienen und Hummeln den Weg zum reichlich bereitgestellten Nektar weisen. Sobald die Blüte bestäubt wurde, verfärben sich diese sogenannten Saftmale rot. Zugleich wird die Nektarproduktion eingestellt.

VORKOMMEN beheimatet in Südosteuropa und Westasien; in Mitteleuropa als Zierbaum eingeführt, häufig als Schattenspender in Parks und als Alleebaum gepflanzt

GRÖSSE bis zu 30 m hoher Baum mit breiter, dicht belaubter Krone

VERWENDUNG Wenngleich die stärkereichen Kastanien als schwach giftig gelten, wurden sie in Notzeiten gern zu Mehl vermahlen. Heute werden ihre Inhaltsstoffe pharmazeutisch genutzt für entzündungshemmende und gefäßstärkende Präparate, etwa gegen Krampfadern, Hämorrhoiden und allgemeine Venenschwäche. Förster sammeln die Kastanien gerne für die winterliche Wildfütterung ein.

BLÜTEZEIT/FRUCHTZEIT

J	F	M	A	M	J	J	A	S	O	N	D

Typisch

Im Winter fallen die dicken dunkelbraunen Knospen auf.

Gewöhnliche Esche

Fraxinus excelsior

Yggdrasil heißt der Weltenbaum der nordischen Mythologie. Es ist eine gewaltige Esche, deren Zweige sich über den ganzen Himmel erstrecken und bis auf die Erde herabreichen und zu deren Füßen die Götter Gericht halten. Tatsächlich zählt die Esche zu den höchsten Laubbaumarten Europas. Neuerdings hat es der mächtige Baum mit einem winzigen Angreifer zu tun: Anfang der 1990er Jahre trat in Polen erstmals ein Eschensterben auf, das sich inzwischen über weite Teile Europas ausgebreitet hat. Als Verursacher konnte ein mikroskopisch kleiner Pilz (Chalara fraxinea) *identifiziert werden, der bis ins Mark der Bäume vordringt und diese zum Welken und Absterben bringt.*

Die verwandte Blumenesche (Fraxinus ornus) *bietet zur Blütezeit im April einen prachtvollen Anblick (hier eine rosablühende Gartensorte).*

Noch vor dem Laubaustrieb brechen die winzigen Blüten in dicken Büscheln aus den Knospen.

VORKOMMEN in Laubmischwäldern, feuchten Schlucht- und Auwäldern; vielfach als Straßen- oder Parkbaum gepflanzt

GRÖSSE bis zu 40 m hoher Baum

VERWENDUNG Das helle, sehr feste Holz der Esche wird vor allem zu Möbelfurnieren verarbeitet, aber auch Dinge wie Werkzeugstiele und Sportgeräte werden daraus gefertigt.

ÄHNLICHE ART In Gärten sieht man auch häufig die aus dem Mittelmeerraum stammende Blumenesche oder Mannaesche *(Fraxinus ornus)*, die etwas kleinere Blätter, dafür aber viel auffälligere, weiße Blütenstände hat als unsere heimische Esche.

BLÜTEZEIT/FRUCHTZEIT

J	F	M	A	M	J	J	A	S	O	N	D

Lange bleiben die Samen an den Zweigen hängen, bevor sie sich im Winter einzeln ablösen und als Drehflieger zu Boden fallen.

Blätter einfach, gegenständig

Gewöhnlicher Schneeball

Viburnum opulus

Im Herbst treibt es der Schneeball besonders bunt. Nicht nur, dass er sein Laub dekorativ orange und rot färbt, er schmückt sich auch mit glänzend roten Beeren, die oft bis in den Winter hinein an den Zweigen haften bleiben. Weil sie ausgesprochen sauer und bitter schmecken, werden sie von den Vögeln zunächst verschmäht. Erst im Winter, wenn die Nahrung knapp geworden ist und zudem der Frost den Beeren das Bittere genommen hat, machen sich die Vögel doch noch darüber her.

Mit einem Kranz strahlend weißer, steriler Randblüten macht der Schneeball Insekten auf seine Blütenstände aufmerksam.

VORKOMMEN am Waldrand, in Auwäldern und feuchten Gebüschen sowie an Gewässerufern, vor allem im Tiefland; in den Alpen und Mittelgebirgen kaum über 1000 m Höhe

GRÖSSE 1–4 m hoher Strauch

VERWENDUNG Als Ziergehölz in Parks und Gärten werden gern Zuchtformen des Schneeballs gepflanzt, deren Blütendolden stärker gewölbt sind und vollständig aus großen, weißen »Schaublüten« bestehen, sodass sie tatsächlich wie Schneebälle wirken. (Weil in diesem Fall sämtliche Blüten steril sind, gibt es allerdings keine Früchte.)

Typisch

Große, sterile Randblüten umgeben die kleinen, fruchtbaren Mittelblüten der Blütendolden. Diese reifen zu roten Beeren heran, die schwer herabhängen.

BLÜTEZEIT/FRUCHTZEIT

J	F	M	A	M	J	J	A	S	O	N	D

Weil die Blüten eines Blütenstands nur nach und nach aufblühen, sind die ersten bereits zu Beeren herangereift, während sich die letzten noch im Knospenstadium befinden.

Gewöhnliche Schneebeere (G)

Symphoricarpos albus (S. rivularis)

Wenn man die reifen, schneeweißen Früchte des Strauchs betrachtet, muss man nach der Herkunft des Namens Schneebeere nicht mehr lange fragen. Doch gerade die Früchte werden zumeist ganz anders genannt: Sie sind als Knallerbsen oder Knackerbsen bekannt. Vor allem Kinder haben nämlich ihren Spaß daran, die kugeligen Beeren kräftig auf den Boden zu werfen oder vorsichtig draufzutreten, um sie mit einem vernehmlichen Geräusch zum Zerplatzen zu bringen.

VORKOMMEN stammt aus Nordamerika; in Europa (mit Ausnahme des Mittelmeerraums) als Zierstrauch in Gärten und Parks gepflanzt, in Siedlungsnähe nicht selten verwildert

GRÖSSE bis zu 2 m hoher, buschig verzweigter Strauch mit bogig überhängenden Ästen

VERWENDUNG Die Indianer Nordamerikas wussten aus Früchten und Blättern der Schneebeere noch Heilmittel gegen allerlei Krankheiten zu bereiten. Heute wird der Strauch außer als Ziergehölz auch im Naturschutz zur Renaturierung sowie als Deckungsgehölz für Vögel und Niederwild gepflanzt.

ACHTUNG! Die Beeren werden zwar von Vögeln und anderen Tieren gern gefressen, für den Menschen jedoch sind sie giftig. Ihr Verzehr führt zu Brechdurchfall.

BLÜTEZEIT/FRUCHTZEIT

J	F	M	A	M	J	J	A	S	O	N	D

Typisch

Die kleinen, in einer dichten Ähre stehenden Blütenglöckchen sind außen rosa überzogen. Ihr Inneres ist erfüllt von einem Büschel weißer Haare.

Forsythie

Forsythia × intermedia

Wenn die Forsythiensträucher das Sonnengelb ihrer Blütenfülle im Garten ausbreiten, ja, dann ist Frühling. Doch obwohl die leuchtenden, vierzipfeligen Blüten reichlich Pollen und Nektar anbieten, werden sie von Bienen, Hummeln oder anderen bestäubenden Insekten so gut wie nie angeflogen. Die Botaniker rätseln bis heute über den Grund für diese Ablehnung. Die Folge ist, dass die hellbraunen, zweiklappigen Früchte des Strauchs bei uns kaum jemals ausgebildet werden. Glücklicherweise lassen sich Forsythien aber sehr leicht aus Stecklingen vermehren.

Die ovalen, zugespitzten Blätter können einen glatten oder fein gezackten Rand haben.

Noch vor dem Laubaustrieb erscheinen die Blüten in einer verschwenderischen Fülle.

VORKOMMEN als Wildarten in Ostasien; in Europa ausschließlich als Ziergehölz gepflanzt. Die am häufigsten anzutreffende Hybridart *F. × intermedia* wurde vor gut 100 Jahren als zufällige Kreuzung zweier Arten im Botanischen Garten von Göttingen entdeckt.

GRÖSSE 2–4 m hoher Strauch mit in der Jugend geraden, später weit überhängenden Zweigen

VERWENDUNG Als anspruchslose und rauchharte Ziersträucher werden Forsythien gern in Gärten, Parks und innerstädtischen Grünanlagen gepflanzt. Es gibt sie heute in zahlreichen, oft niedrig bleibenden Gartensorten. Man kann sie sogar zu Schnitthecken formen.

BLÜTEZEIT

J	F	M	A	M	J	J	A	S	O	N	D

Typisch

Außerhalb der Blütezeit erkennt man einen Forsythienzweig leicht, wenn man ihn längs auseinanderschneidet. Sein helles Mark ist durch Querstege in lauter Kammern untergliedert.

Die vier Kronblätter der Blüten sind an der Basis zu einer engen Röhre verwachsen. Da der Nektar am Grund dieser Röhre gebildet wird, können ihn nur langrüsselige Insekten wie Hummeln oder Schmetterlinge erreichen.

Gewöhnlicher Flieder

Syringa vulgaris

1560 wurde das »exotische Gewächs« mit den lila Blütenkerzen zusammen mit der Rosskastanie (siehe Seite 114/115) durch einen kaiserlichen Gesandten von Konstantinopel nach Wien gebracht. Von dort trat es seinen Siegeszug durch Europa an. Eine gezielte gärtnerische Züchtung setzte allerdings erst vor etwa 100 Jahren ein. Heute kennt man an die 900 Kultursorten des beliebten Gartenstrauchs, die Blüten können weiß, lila, rosa, rotviolett oder gar hellgelb, einfach oder gefüllt, duftend oder nicht duftend sein. Die Farbbezeichnung Lila übrigens leitet sich von dem türkischen Namen des Strauchs, »lilac«, ab. Vorher gab es im Deutschen kein eigenes Wort für das pastellige Hellviolett.

VORKOMMEN beheimatet in Südosteuropa und Vorderasien; in Mitteleuropa als Ziergehölz weit verbreitet, stellenweise verwildert,

z. B. an sonnigen Felshängen oder Bahndämmen

GRÖSSE 2–6 m hoher Strauch oder kleiner Baum

VERWENDUNG Das ungemein harte Holz des Strauchs, das sich gut polieren lässt, wird für Drechselarbeiten und in der Kunsttischlerei verwendet. Die duftenden ätherischen Öle der Blüten finden in der Parfümindustrie Verwendung.

Im Winter erkennt man den Flieder leicht an seinen immer paarweise an den Zweigen stehenden, dicken Knospen.

BLÜTEZEIT/FRUCHTZEIT

J	F	M	A	M	J	J	A	S	O	N	D

Typisch

Die etwas derben, ovalen Blätter sind am Ansatz herzförmig eingezogen und laufen in eine lange Spitze aus.

Echter Kreuzdorn (G)

Rhamnus cathartica

Gelbbeeren nannte man früher die Früchte des Kreuzdorns. Sie enthalten nämlich eine wasserunlösliche Substanz, aus der sich in Verbindung mit Metallsalzen lichtechte und beständige Farbstoffe herstellen lassen. Damit färbte man sowohl Stoffe und Leder als auch Holz und Papier gelb, orange oder olivgrün, je nach verwendetem Metallsalz. In der Malerei heißt die mit Kupfersalzen daraus gewonnene Farbe Saftgrün.

Die nur 6–8 mm großen Steinfrüchte verfärben sich beim Heranreifen von Grün über Rot nach glänzend Schwarz.

Wenngleich die nur millimetergroßen, grünlichen Blütchen in Dolden beieinanderstehen, sind sie doch völlig unscheinbar.

VORKOMMEN an sonnigen Waldrändern, in Gebüschen und Hecken, lichten Auwäldern, an steinigen Hängen; in fast ganz Europa

GRÖSSE bis zu 3 m hoher Strauch, manchmal auch ein bis zu 6 m hohes Bäumchen

VERWENDUNG Getrocknete Früchte sowie die Rinde wurden früher und werden auch heute noch als Abführmittel verwendet. Daher wird die Art auch oft Purgier-Kreuzdorn genannt.

ACHTUNG! Der Verzehr der frischen Früchte kann, insbesondere bei Kindern, Vergiftungserscheinungen wie Erbrechen und Bauchkrämpfe hervorrufen. Vögel können die Beeren dagegen völlig unbeschadet fressen.

BLÜTEZEIT/FRUCHTZEIT

J	F	M	A	M	J	J	A	S	O	N	D

Typisch

Die Zweige stehen meist kreuzgegenständig an den Ästchen, das heißt, aufeinanderfolgende Zweigpaare bilden einen rechten Winkel. Zudem laufen die Zweige jeweils in einen kräftigen Dorn aus.

Liguster (G)

Ligustrum vulgare

Die schmalovalen, ganzrandigen Blätter des Ligusters erinnern an Weidenlaub, weshalb der Strauch auch oft Rainweide genannt wird. Der Volksname Tintenbeere spielt nicht nur auf die schwarze Färbung der reifen Beeren an, früher gewann man aus den Beeren tatsächlich einen schwarzvioletten Farbstoff, aus dem Schreibtinte hergestellt wurde. Beim Wollefärben wusste man mit dem Saft einen tiefblauen Farbton zu erzeugen.

VORKOMMEN an Waldrändern, in lichten Auwäldern und Gebüschen; häufig als Gartengehölz angepflanzt

GRÖSSE 3–6 m hoher, dicht verzweigter Strauch

VERWENDUNG Nicht nur, dass der Liguster dicht verzweigt und ganzjährig grün ist, er erträgt auch starkes Beschneiden problemlos. Damit eignet er sich hervorragend als Heckenpflanze. Sein enorm hartes und zähes Holz eignet sich für kleinere Drechselarbeiten und wird zur Fertigung von Werkzeuggriffen herangezogen.

Typisch

Ein großer Teil der derben, dunkelgrünen Laubblätter bleibt den Winter über erhalten. Erst beim neuen Laubaustrieb im Frühjahr fallen auch diese Blätter ab.

ACHTUNG! Beeren, Blätter und Rinde des Ligusters sind giftig. Der Verzehr mehrerer Beeren führt zu Brechreiz, Durchfall, Kopfschmerzen und Benommenheit. Solche Vergiftungen kommen aber nur selten vor, denn die Beeren schmecken überaus bitter.

BLÜTEZEIT/FRUCHTZEIT

J	F	M	A	M	J	J	A	S	O	N	D

Die dichten Blütenrispen verströmen einen intensiven, jedoch nicht von jedem als angenehm empfundenen Duft.

Bis lange in den Winter hinein bleiben die Beeren an den Zweigen stehen.

Die vier Kronblätter der Blüten sind zu einer länglichen, sehr engen Röhre verwachsen. Nur Insekten mit sehr langem Rüssel, wie ihn etwa die Schmetterlinge besitzen, können an den Nektar gelangen.

Schmetterlingsstrauch

Buddleja davidii

Scharenweise tummeln sich an warmen Sommertagen die Schmetterlinge auf den üppigen Blütenrispen des Schmetterlingsstrauchs oder Sommerflieders. Zwar lässt sich mit der Pflanzung eines solchen Strauchs im Garten nicht die Artenvielfalt der Schmetterlinge unterstützen, denn das Gehölz spielt keine Rolle als Futterpflanze für die Raupen, doch locken die duftenden Blütenrispen die Falter aus der Umgebung an und schaffen so eine hervorragende Beobachtungsmöglichkeit für diese Tiere.

VORKOMMEN beheimatet im Bergland Westchinas; bei uns als Ziergehölz gepflanzt, verwildert auf siedlungsnahem Ödland, an Böschungen und Bahndämmen

GRÖSSE bis zu 3 m hoher Strauch mit langen, überhängenden Trieben

VERWENDUNG Der reich blühende Strauch wird als Ziergehölz in Gärten und Parks gepflanzt.

BLÜTEZEIT/FRUCHTZEIT

J	F	M	A	M	J	J	A	S	O	N	D

Typisch

Die lanzettlichen, spitz zulaufenden Blätter sind am Rand fein gezähnt und tragen auf der Unterseite eine silberweiße, filzige Behaarung.

Schwarze Heckenkirsche (G)

Lonicera nigra

Als ausgesprochene Schattenpflanze führt der kleine, eher unscheinbare Strauch buchstäblich ein Schattendasein in Berg- und Schluchtwäldern. Sein Name nimmt auf die kugeligen, wie kleine Kirschen an dünnen Stielen hängenden Früchte Bezug, die sich in der Reife schwarz färben. Regional nennt man das kleine Gehölz daher auch Tintenbeere, wegen der Giftigkeit der Beeren auch Teufelsbeere.

Die Blüten wachsen stets paarweise aus den Achseln der schmalovalen bis elliptischen Blätter.

Die schwarzen, kugeligen Doppelbeeren hängen an einem langen, dünnen Stiel von den Zweigen.

VORKOMMEN an schattigen Waldrändern, in unterwuchsreichen Bergmischwäldern, entlang Gebüschen und Wegen; hauptsächlich in den Mittelgebirgen, in den Alpen nur bis etwa 1500 m Höhe

GRÖSSE 1–2 m hoher Strauch mit dünnen, nur wenig verzweigten Trieben

VERWENDUNG Die Heckenkirsche ist neben einer beliebten Bienennahrung geeignet zur Hangbefestigung.

ACHTUNG! Die Beeren der Schwarzen Heckenkirsche sind (mäßig) giftig. Ihr Verzehr kann Erbrechen, Durchfall und Krämpfe auslösen.

BLÜTEZEIT/FRUCHTZEIT

J	F	M	A	M	J	J	A	S	O	N	D

Typisch

Die in der Reife schwarzen Beeren sind wachsig bereift und stets paarweise an der Basis miteinander verwachsen.

Rote Heckenkirsche (G)

Lonicera xylosteum

Wieso Rote Heckenkirsche? Was im Frühjahr noch unerfindlich scheint, wird im Herbst sonnenklar, dann nämlich, wenn an den Zweigen eine Unmenge glänzend roter Beeren hängen. Den wissenschaftlichen Namen xylosteum *wählte man nach den griechischen Worten »xylon« für Holz und »osteon« für Knochen. Das Holz des Strauchs ist nämlich, so dünn die Zweige auch sind, knochenhart. Früher nutzte man es daher für Drechselarbeiten und fertigte Weberkämme, Ladestöcke für Gewehre und Ähnliches daraus.*

VORKOMMEN im Unterwuchs von Laub- und Mischwäldern, auf Lichtungen, an schattigen Waldrändern, in Gebüschen; in Mitteleuropa weit verbreitet und häufig, fehlt aber im westlichen Norddeutschland

GRÖSSE 1–3 m hoher, stark verzweigter Strauch mit breit buschigem Wuchs

Typisch

Im Gegensatz zur Schwarzen Heckenkirsche (siehe Seite 134/135), die markerfüllte Zweige hat, sind die Zweige der Roten Heckenkirsche stets hohl.

VERWENDUNG Die Rote Heckenkirsche wird häufig als Zierstrauch in Gärten und Parks oder zur Befestigung von Hängen, Erdwällen und Straßenböschungen gepflanzt.

ACHTUNG! Die Beeren sind (schwach) giftig.

BLÜTEZEIT/FRUCHTZEIT

J	F	M	A	M	J	J	A	S	O	N	D

Die glänzend roten, etwa erbsengroßen Doppelbeeren bleiben meist bis nach dem herbstlichen Laubfall an den Zweigen.

Die bizarr wirkenden, weißlichen Blüten färben sich im Laufe der Blütezeit mehr und mehr gelb und beginnen, süßlich zu duften.

Gartengeißblatt (G)

Lonicera caprifolium

Wie auf einem Präsentierteller reckt der Strauch seine Blüten und später die Früchte der Sonne entgegen. Die sich an den Zweigen paarweise gegenüberstehenden Blätter sind an ihrer Basis immer stärker verwachsen, je näher sie an der Triebspitze stehen. Die obersten Blattpaare schließlich bilden regelrechte Teller, in deren Mitte die Blüten entspringen. Bestäubt werden die Blüten mit ihrer langen, engen Kronröhre von Nachtfaltern. Entsprechend öffnen sie sich erst in den Abendstunden und geben auch erst dann ihre verlockenden Duftstoffe ab.

Die 4–5 cm langen Blüten sind auf der Außenseite meist intensiv rosa überlaufen.

Im Spätsommer kontrastieren die korallenroten Beeren mit dem dunklen Grün des Laubes.

VORKOMMEN in lichten Laubwäldern und Gebüschen, an sonnigen Waldrändern und Hängen; ursprünglich in Südosteuropa, aber schon früh in Mitteleuropa eingeführt, hier vielerorts verwildert

GRÖSSE Schlingstrauch, der an Unterlagen bis zu 5 m hoch klettert

VERWENDUNG Früher war das Geißblatt mit seinem dichten Blattwerk eine überaus beliebte Laubenpflanze, im 18. Jahrhundert zählte es in Deutschland zu den häufigsten Gartengehölzen. Der betörend süßliche Duft seiner Blüten trug gewiss zu seiner Beliebtheit bei. Zumindest verhalf er ihm zu seinem gärtnerischen Zweitnamen Jelängerjelieber.

ACHTUNG! Die Beeren des Gartengeißblatts sind (schwach) giftig.

BLÜTEZEIT/FRUCHTZEIT

J	F	M	A	M	J	J	A	S	O	N	D

Typisch

Die lianenartigen Zweige des Geißblatts winden sich stets im Uhrzeigersinn um die Unterlage.

Wenn die reifen Samenkapseln aufspringen, geben sie 1–4 dicke Samen frei, die in einen leuchtend orangen Samenmantel gehüllt sind.

Im Herbst bezaubern die Blätter durch eine leuchtend orangerote Färbung.

Pfaffenhütchen (G)

Euonymus europaea

In optischer Hinsicht läuft das Pfaffenhütchen, das botanisch-nüchtern auch Gewöhnlicher Spindelbaum genannt wird, erst im Herbst zur Hochform auf. Aus den winzigen, völlig unscheinbaren, grünlichen Blüten entwickeln sich dann prächtig purpurrosa bis karminrote Kapselfrüchte. Solange diese noch geschlossen sind, erinnern sie in Form und Farbe an ein Barett katholischer Priester – daher der für ein Gehölz etwas ungewöhnliche Name Pfaffenhütchen. Seinen Abschied vom Vegetationsjahr nimmt der Strauch schließlich in einem oft flammend roten Herbstkleid.

VORKOMMEN an Wald- und Wegrändern, in Auwäldern und Feldgehölzen; in Europa weit verbreitet, in Mitteleuropa häufig; auch oft als Ziergehölz im Garten gepflanzt

GRÖSSE 2–3 m hoher, dicht verzweigter Strauch oder bis zu 6 m hohes Bäumchen

VERWENDUNG Aus dem sehr harten, zähen Holz des Strauchs wurden früher Gebrauchsgegenstände wie Stricknadeln oder Garnspindeln (Spindelbaum!) gefertigt. Daraus gewonnene Holzkohle ist als Zeichenkohle sehr geschätzt.

ACHTUNG! Alle Pflanzenteile des Pfaffenhütchens, insbesondere aber die Früchte sind stark giftig. Bereits der Verzehr weniger Kapseln führt (oft erst am nächsten Tag) zu schweren Vergiftungssymptomen.

Typisch

Vor allem junge Zweige sind deutlich vierkantig, meist ziehen sich zudem ausgeprägte Korkleisten an ihnen entlang.

BLÜTEZEIT/FRUCHTZEIT

J	F	M	A	M	J	J	A	S	O	N	D

Im vollen Fruchtschmuck gibt das Pfaffenhütchen ein prachtvoll farbiges Bild ab.

Buchsbaum (A, G)

Buxus sempervirens

Kein Renaissance- oder Barockgarten ohne die typischen Beeteinfassungen aus niedrig gehaltenem Buchsbaum! Sein dichter Wuchs, die immergrüne Belaubung und die gute Schnittverträglichkeit machen den »Buchs« bis heute zu der Formheckenpflanze schlechthin. Feinsäuberlich zu Kugeln, Kegel und anderen Figuren getrimmte Exemplare schmücken, in Kübel gepflanzt, unzählige Terrassen.

Typisch

Die nur 1,5–2 cm langen Laubblätter stehen sehr dicht an den Zweigen und bleiben auch im Winter am Strauch. Ein einzelnes Blatt erreicht eine Lebensdauer von bis zu 7 Jahren.

Die ovalen, ledrigen Blätter sind oberseits glänzend dunkelgrün, unterseits heller.

Die kleinen, gelblichen Blüten sitzen dicht an dicht in den Achseln der Blätter.

VORKOMMEN an sonnigen, trockenen Hängen, auf Felsen, in lichten Wäldern; in Deutschland wild nur noch an der unteren Mosel sowie in Südbaden (dort streng geschützt); häufig als Gartengehölz oder Kübelpflanze kultiviert, gelegentlich verwildert

GRÖSSE bis zu 5 m hoher, ausgesprochen dicht verzweigter Strauch oder bis zu 8 m hoher Baum

VERWENDUNG Der Buchsbaum ist ein überaus langsam wachsendes Gehölz, er kann mehrere hundert Jahre alt werden. Entsprechend dicht und hart ist sein Holz. Weil es sich überdies sehr gut polieren lässt, ist es äußerst gefragt als Drechslerholz und für Intarsienarbeiten. Kämme, Schachfiguren, Pfeifenköpfe und Musikinstrumente werden daraus gefertigt, ebenso Druckstöcke für Holzschnitte.

ACHTUNG! Die Zweige des Buchsbaums sind giftig! Ihr Verzehr führt zu Schwindel, Krämpfen, Blutdruckabfall bis hin zur Atemlähmung. Auch Weidetiere, die Buchszweige fressen, tragen oft schwere Vergiftungen davon.

BLÜTEZEIT/FRUCHTZEIT

J	F	M	A	M	J	J	A	S	O	N	D

Trompetenbaum

Catalpa bignonioides

Er ist der unumstrittene Star vieler Parkanlagen und botanischer Gärten. Und wie ein Star lässt er sich Zeit mit seinem Auftritt. Erst im Spätfrühling, als eines der letzten Gehölze, treibt der Trompetenbaum aus und entfaltet seine ungewöhnlich großen Blätter. Wenn er dann seine weißen Blütenkerzen aufgesteckt hat, zieht er alle Augen auf sich. Zur Fruchtzeit schließlich wird er schon wieder zum Hingucker, wenn bis zu 30 cm lange, bleistiftdünne »Bohnen« zuhauf an seinen Ästen hängen. Weil diese bis weit in den Winter am Baum bleiben, stellen sie in der kahlen Zeit das sicherste Kennzeichen des Trompetenbaums dar.

Die gelben Saftmale der Blüten weisen Bienen und Hummeln den Weg zum Nektar. Nach der Bestäubung verfärben sie sich rot. Die rotblinden Insekten fliegen diese Blüten dann nicht mehr an.

Die dünnen Fruchtkapseln öffnen sich erst im nächsten Frühjahr und entlassen eine Vielzahl geflügelter Samen, die vom Wind oft weite Strecken verblasen werden.

VORKOMMEN heimisch im südöstlichen Nordamerika (Mississippigebiet); in Europa als Park- und Straßenbaum gepflanzt

GRÖSSE bis zu 15 m hoher Baum mit breit ausladender Krone

VERWENDUNG Der langlebige Baum wird in sonnigen Lagen als Ziergehölz gepflanzt. Seine nektarreichen Blüten werden gerne von Bienen angeflogen, sodass er für die Imker zu den Bienennährgehölzen zählt.

BLÜTEZEIT/FRUCHTZEIT

J	F	M	A	M	J	J	A	S	O	N	D

Typisch

Die auffallend großen, herzförmigen Blätter riechen, wenn man sie zwischen den Fingern zerreibt, ziemlich unangenehm.

Kornelkirsche

Cornus mas

Die Kornelkirsche kann das Ende des Winters kaum abwarten. Bei milder Witterung öffnet sie ihre gelben Blütenbüschel bereits im Februar, lange vor dem Laubaustrieb. Für die blütenbesuchenden Insekten stellt der Strauch, der auch Gelber Hartriegel genannt wird, eine der ersten Nahrungsquellen im Jahr dar. Vögel wie Menschen müssen mit dem Genuss noch warten, bis im Sommer die Früchte an den Zweigen hängen. Dieser Früchte wegen und weil das extrem harte Holz des Strauchs sehr begehrt war, hat man die Kornelkirsche schon seit dem frühen Mittelalter in Kultur genommen. In Mitteleuropa aber ist sie heute vor allem ein beliebter Zierstrauch, der in zahllosen Sorten die Gärten schmückt.

Die glänzend roten, etwa weintraubengroßen Früchte bergen in ihrem Inneren je zwei Steinkerne.

Die winzigen Blüten stehen in kleinen Dolden an den Zweigen und bieten ihren Pollen und Nektar dem Insektenvolk frei an.

VORKOMMEN an sonnigen Waldrändern, in lichten, trockenen Laubwäldern, Hecken und Gebüschen; häufig in Parks und Gärten oder an Straßenrändern angepflanzt; in Mittel- und Südeuropa verbreitet, fehlt in Deutschland aber nördlich des Rheinlands

GRÖSSE 3–6 m hoher, breitwüchsiger Strauch oder bis zu 8 m hoher Baum

VERWENDUNG Um sie roh zu essen, schmecken die Früchte den meisten Menschen zu sauer und herb, doch zu Marmelade verkocht oder kandiert stellen sie eine echte Leckerei dar. In Südosteuropa, wo man Kornelkirschen auf jedem Markt kaufen kann, wird auch eine Limonade daraus bereitet. Das außerordentlich harte, bruchfeste Holz wird zur Herstellung von Werkzeugstielen, Leitersprossen, Radspeichen und anderen stark belasteten Teilen genutzt. Früher bestanden häufig die Torriegel daraus, daher der Name Hartriegel.

Typisch

Die bogig verlaufenden Blattadern, die paarweise von der Mittelrippe ausgehen, treten auf der Blattunterseite stark hervor.

BLÜTEZEIT/FRUCHTZEIT

J	F	M	A	M	J	J	A	S	O	N	D

Roter Hartriegel

Cornus sanguinea

Die intensiv rote Herbstfärbung seiner Blätter gab dem Roten Hartriegel seinen Namen, den manche noch zu Blutroter Hartriegel steigern. Auch die Rinde seiner einjährigen Zweige ist häufig rot gefärbt, vor allem auf der sonnenbeschienenen Seite. Das macht den Strauch auch noch im Winter, wenn er kahl dasteht, sehr attraktiv und ergibt im Frühjahr einen hübschen Kontrast zu den schneeweißen Blütenrispen.

VORKOMMEN an Waldrändern, in lichten Auwäldern, in Feldhecken und auf Gebüschflächen, überwiegend im Flachland; auf eher trockenen Böden

GRÖSSE 3–4 m hoher Strauch, in Südeuropa auch manchmal kleiner Baum bis 6 m Höhe

VERWENDUNG Weil er dank Blütenpracht und Herbstfärbung sowohl im Frühjahr wie auch im Herbst ein Schmuckstück darstellt, wird der Rote Hartriegel gern als Ziergehölz im Garten gepflanzt. Seine Beeren sind zwar nicht wirklich giftig, aber im rohen Zustand sehr bitter und können Bauchschmerzen verursachen. Gekocht werden sie gelegentlich mit anderen Zutaten zu Chutneys, Gewürzpasten und Bitterspirituosen verarbeitet.

BLÜTEZEIT/FRUCHTZEIT

J	F	M	A	M	J	J	A	S	O	N	D

Typisch

Die paarweise angeordneten, gebogenen Blattrippen treten auf der Blattunterseite deutlich hervor.

Die glattrandigen Blätter weisen drei bis fünf gebogene Nervenpaare auf und sind beidseitig weich behaart. Die erbsengroßen Beeren färben sich in der Reife schwarz.

Die Blüten setzen sich aus vier weißen Kronblättern zusammen und wirken im Vergleich zu der roten Herbstfärbung eher unscheinbar.

Feldahorn

Acer campestre

In manchen Gegenden hat sich ein uralter Name des Baums bis heute erhalten. Maßholder wird der Feldahorn dort genannt. Der Wortteil »Maß-« leitet sich dabei vom germanischen »mat« für Speise oder Essen her, und das hat damit zu tun, dass früher das junge Laub des Baumes geerntet und wie Sauerkraut vergoren wurde, bevor es als Gemüse auf den Tisch kam. Der zweite Wortteil »-holder« ist die alte Bezeichnung für den Holler, also den Holunder (siehe Seite 104/105), an den ein strauchig bleibender Feldahorn in der Gestalt erinnert.

Die geflügelten Früchte sind wie bei allen Ahornarten paarweise miteinander verwachsen, wobei beim Feldahorn die beiden Teilfrüchte einen 180°-Winkel bilden.

Die drei- bis fünflappigen Blätter haben gerundete Formen, ihre Lappen sind ihrerseits gebuchtet. Im Oktober färbt sich das Laub wunderschön gelb, bevor es abfällt.

VORKOMMEN am Rand von Laub- und Mischwäldern, in Feldgehölzen, Saumgebüschen und Hecken, entlang von Wegen; in fast ganz Europa außer im nördlichen Skandinavien und in höheren Gebirgslagen

GRÖSSE bis zu 15 m hoher Baum mit rundlicher Krone, wächst aber oft auch als mehrstämmiger Strauch und bleibt dann deutlich niedriger

VERWENDUNG In einigen Regionen werden die jungen Zweige heute noch wie schon seit Jahrhunderten als Viehfutter geschnitten. Der wüchsige Baum treibt sehr gut immer wieder aus. Sein rötliches, schön gemasertes Holz, das nach dem Hobeln einen seidigen Glanz zeigt, ist als Tischlerholz ebenso wie als Furnierholz hochgeschätzt.

Typisch

Bricht man Blattstiele oder junge Zweige ab, tritt ein weißer Milchsaft aus.

BLÜTEZEIT/FRUCHTZEIT

J	F	M	A	M	J	J	A	S	O	N	D

Bergahorn

Acer pseudoplatanus

Der Bergahorn ist in so mancher Hinsicht außergewöhnlich. Er erreicht ein für einen Laubbaum enorm hohes Alter, beinahe 600 Jahre sind belegt. In den Bergen steigt er höher hinauf als die meisten anderen Laubbäume. Zusammen mit der Eberesche bildet er oft die Laubwaldgrenze. Wer den Baum in seiner ganzen Pracht erleben möchte, sollte zum Beispiel zum Großen Ahornboden wandern (Bild), einem Hochtal im österreichischen Karwendelgebirge. Unvergleichlich die Szenerie, wenn sich im Herbst das Laub der Bäume goldgelb färbt.

VORKOMMEN in den Gebirgen Mittel- und Südeuropas, vor allem in Schluchtwäldern mit hoher Luftfeuchtigkeit, in den Alpen bis auf fast 2000 m Höhe; in der Norddeutschen Tiefebene und nordwärts davon kein natürliches Vorkommen mehr, aber vielfach angepflanzt; häufiger Park- und Straßenbaum

Zusammen mit dem Laub erscheinen im Frühjahr traubenartig herabhängende Blütenrispen (siehe Bild). Bis zum Herbst entwickeln sich daraus die ahorntypischen geflügelten Früchte. Beim Bergahorn bilden die Flügel eines Samenpaares einen rechten oder leicht spitzen Winkel.

GRÖSSE bis zu 35 m hoher Baum

VERWENDUNG Das sehr helle, gelbliche, nur ganz zart gemaserte Holz des Bergahorns stellt eines der wertvollsten heimischen Nutzhölzer dar. Ein großer, gut gewachsener Stamm kann ohne Weiteres einen Preis von mehreren tausend Euro erzielen. Bergahorn wird vor allem als Möbel- und Furnierholz geschätzt. Weil es härter ist als das Holz des Spitzahorns (siehe Seite 154/155), aber ebenso elastisch, wird es zur Herstellung von Parkett bevorzugt. Auch im Musikinstrumentenbau kommt es vielfach zum Einsatz.

Typisch

Die großflächigen Blätter sind auf der Unterseite um einiges heller als oberseits und tragen in den Winkeln der Blattadern deutliche Achselbärte.

BLÜTEZEIT/FRUCHTZEIT

J	F	M	A	M	J	J	A	S	O	N	D

Die fünflappige Blattspreite der bis zu 20 cm langen und mindestens ebenso breiten Blätter ist bis zur Hälfte eingeschnitten.

Spitzahorn

Acer platanoides

Wer hat sich als Kind nicht schon die Früchte des Ahorns als »Nasenzwicker« auf die Nase geklemmt? Wenn man die Kapsel der charakteristischen, geflügelten Nüsschen zur Hälfte aufspaltet, lässt sie sich gut auf den Nasenrücken setzen. In der Natur verwandeln die propellerartigen Flügel die Frucht zu einem sogenannten Schraubenflieger, der mit rund 16 Umdrehungen pro Sekunde zu Boden segelt. Dabei wird die Sinkgeschwindigkeit so stark vermindert, dass schon ein leichter Wind den Flugkörper verblasen kann. Oft werden Ahornsamen vom Wind mehr als 100 m weit durch die Luft getragen. Kein Wunder, dass an den überraschendsten Stellen kleine Spitzahorne keimen.

Wie bei allen Ahornarten hängen die kleinen Nussfrüchte paarweise zusammen. Ihre breiten Flügel bilden einen sehr stumpfen Winkel zueinander. Die bis zu 20 cm breiten, gelappten Blätter tragen lang ausgezogene, spitze Zipfel.

Die kurzen, aufrecht stehenden Blütendolden erscheinen in großer Zahl noch vor dem Laubaustrieb an den Zweigspitzen und tauchen den Baum in zartes Gelbgrün. Die Blütenstände können sowohl zwittrig als auch rein männlich oder weiblich sein.

VORKOMMEN in Misch- und Auwäldern, vom Tiefland bis in etwa 1100 m Höhe; auch oft als Parkbaum oder entlang von Straßen gepflanzt

GRÖSSE bis zu 30 m hoher Baum mit lockerer, ovaler Krone

VERWENDUNG Der Spitzahorn ist ein wichtiges Nutzgehölz. Sein Holz wird in großem Maßstab zu Möbeln und Furnieren verarbeitet. Auch für Drechslerarbeiten ist es geschätzt. Da er gegen Rauch und Industriegase relativ unempfindlich ist, wird der Baum gern zur Begrünung im Stadtgebiet eingesetzt.

BLÜTEZEIT/FRUCHTZEIT

J	F	M	A	M	J	J	A	S	O	N	D

Typisch

Zwar führt der Spitzahorn im Blattstiel Milchsaft wie der Feldahorn (siehe Seite 150/151), auch die Früchte lassen sich eventuell verwechseln, aber die Blätter unterscheiden die beiden Arten doch deutlich.

Blätter
einfach,
wechselständig

Zwergbirke (A)

Betula nana

Was Sturm und Eiseskälte angeht, ist die zierliche Zwergbirke hart im Nehmen. Sie ist ein Kind der Arktis, wo sie in weiten Gebieten das Bild der Tundra prägt. In der letzten Eiszeit aber dehnte sich ihr Areal viel weiter nach Süden aus als heute. Als das Klima sich wieder erwärmte, zog sie sich nach Norden zurück. Weiter südlich konnte sie nur in Mooren und höheren Gebirgslagen dem Konkurrenzdruck anderer Pflanzenarten standhalten. So kommt es, dass die Miniaturbirke heute außerhalb Nordeuropas nur inselartig an wenigen, kleinräumigen Standorten vorkommt.

Die ovalen, aufrecht stehenden Blütenkätzchen entwickeln sich im Laufe des Sommers zu ebensolchen Fruchtständen.

Die runden, am Rand dekorativ gekerbten Blätter verfärben sich im Herbst leuchtend goldgelb bis orange.

VORKOMMEN in Mitteleuropa in Hochmooren, in staunassen Moorwiesen im nördlichen Tiefland, in einigen Mittelgebirgen (Harz, Böhmerwald, Erzgebirge) und im Alpenvorland; außerdem in den Tundren Nordeuropas, nordwärts bis Island und Grönland, östlich bis Sibirien

GRÖSSE 50–100 cm hoher, reichverzweigter Zwergstrauch

ACHTUNG! Durch die Zerstörung ihrer Lebensräume, vor allem den Torfabbau und die Entwässerung der Moore, ist die Zwergbirke an den ihr verbliebenen Wuchsorten stark gefährdet. In Deutschland und Österreich steht sie auf der Roten Liste der gefährdeten Arten, im Alpenvorland gilt sie als vom Aussterben bedroht.

Typisch

Die derben, gerade mal 1 cm messenden Blätter fühlen sich stets leicht klebrig an.

BLÜTEZEIT/FRUCHTZEIT

J	F	M	A	M	J	J	A	S	O	N	D

Deutscher Ginster (G)

Genista germanica

Der Deutsche Ginster hat gewissermaßen zwei Gesichter, ein freundliches und ein reichlich abweisendes. Seine jungen, diesjährigen Triebe sind grün, deutlich behaart und dornenlos. Im Sommer schmücken sie sich monatelang mit goldener Blütenpracht. Die älteren Zweige des Strauchs hingegen sind braun und mit kräftigen Dornen bewehrt, die zum Teil ihrerseits nochmals seitliche Dornen tragen.

Ältere Zweige des Deutschen Ginsters sind fast oder zur Gänze blattlos.

Die sonnengelben Blüten stehen in dichten Trauben an den Enden der jungen Triebe.

VORKOMMEN auf Heiden und Magerwiesen, entlang sonnigen Waldsäumen und Wegen, vorzugsweise auf sandigen und steinigen Böden; vor allem im Hügel- und Bergland, in Norddeutschland dagegen selten

GRÖSSE bis zu 60 cm hoher, stark verzweigter Strauch mit liegenden und aufsteigenden Zweigen

ACHTUNG! Alle Pflanzenteile, vor allem aber die Samen sind giftig! Ihr Genuss kann zu Erbrechen, Schwindel und Kreislaufkollaps führen. Während Weidetiere dagegen wenig empfindlich zu sein scheinen, sollte man den Strauch nicht neben einem Fischteich wachsen lassen. Wenn die Samen ins Wasser fallen, können die Fische verenden.

BLÜTEZEIT/FRUCHTZEIT

J	F	M	A	M	J	J	A	S	O	N	D

Typisch

Die kleinen, schmalovalen Blätter sind am Rand lang bewimpert, die derbe Blattspreite fühlt sich rau an.

Färberginster (G)

Genista tinctoria

Die auffälligen, leuchtend gelben Blüten des Färberginsters werden von allerlei Insekten besucht. Damit es dabei auch sicher zu einer Bestäubung kommt, greift die Pflanze auf eine raffinierte List zurück. Schon vor dem Aufblühen entleert sie ihren Pollen in das als »Schiffchen« ausgebildete untere Blütenblatt. Landet dann ein Insekt auf der Blüte, wird das Schiffchen durch einen Hebelmechanismus nach unten geklappt. Zugleich schnellt der Griffel nach oben, gegen den Bauch des Insekts, und belädt sich dort mit fremdem Pollen. Im nächsten Moment wird der eigene Pollen aus dem Schiffchen nach oben geschleudert und pudert den Besucher ein, der ihn sodann zur nächsten Blüte weiterträgt. Dieser Klappmechanismus funktioniert allerdings

Die bohnenähnlichen Früchte werden in der Reife schwarz. Wenn sie ganz trocken sind, springen die Hülsen auf und schleudern die Samen heraus.

Während die linke Blüte bereits bestäubt ist (unteres Blütenblatt heruntergeklappt), wartet die rechte noch auf den Besuch eines Insekts.

nur jeweils ein einziges Mal, das Schiffchen kehrt nicht wieder in seine ursprünglich waagrechte Stellung zurück.

VORKOMMEN auf Magerwiesen und Heiden, an sonnigen Wald- und Gebüschsäumen; auch als dekoratives Ziergehölz gepflanzt, stellenweise verwildert

GRÖSSE bis zu 1 m hoher Strauch mit aufrechten, rutenförmigen Zweigen

VERWENDUNG Der Name sagt es schon: Die Art wurde früher zum Gelbfärben von Wolle und Leinenstoffen verwendet. Dabei befindet sich der Farbstoff nicht nur in den Blüten, sondern auch in den Blättern und Zweigen der Pflanze.

ACHTUNG! Sämtliche Pflanzenteile sind stark giftig.

BLÜTEZEIT/FRUCHTZEIT

J	F	M	A	M	J	J	A	S	O	N	D

Typisch

Der Färberginster, dessen Zweige nur in ihrem unteren Bereich verholzt sind, trägt keine Dornen.

Gewöhnlicher Seidelbast (A, G)

Daphne mezereum

Schon im Herbst des Vorjahres hat der kleine Strauch seine neuen Blüten angelegt, direkt über den Narben der gerade abgefallenen Blätter. Den Winter haben sie dann im Schutz ihrer Knospenhülle verbracht. So stehen sie bereits in den Startlöchern, wenn die ersten Sonnenstrahlen des Vorfrühlings den Wald erwärmen. Der Gewöhnliche Seidelbast zählt zu unseren ersten blühenden Gehölzen des Jahres. Erst nach einigen Wochen treibt dann ein Büschel neuer Blätter an jeder Zweigspitze aus.

VORKOMMEN in krautreichen Laubmischwäldern, in den Mittelgebirgen und Alpen durchaus häufig, im Tiefland hingegen selten; steht in Deutschland unter Artenschutz!

Bereits im Vorfrühling, noch vor dem Laubaustrieb, präsentiert der Seidelbast seine rosa bis purpurroten Blüten.

So giftig die roten Früchte für den Menschen sind, von den Vögeln werden sie gern und völlig unbeschadet gefressen.

Typisch

Die Blüten verströmen einen weit wahrnehmbaren, angenehm süßen Duft.

BLÜTEZEIT/FRUCHTZEIT

J	F	M	A	M	J	J	A	S	O	N	D

GRÖSSE bis zu 1 m hoher, wenig verzweigter Strauch

VERWENDUNG Wegen seiner frühen Blüte und attraktiven Erscheinung wird der Gewöhnliche Seidelbast gelegentlich als Ziergehölz im Garten gepflanzt.

ACHTUNG! Der Seidelbast enthält in allen seinen Teilen ein starkes Gift. Schon der Kontakt mit dem Saft der Blätter, Früchte oder mit der Rinde kann zu schwer heilenden Hautreizungen und Blasen führen. Bereits der Genuss von wenigen Beeren kann tödlich sein.

Alpen-Johannisbeere

Ribes alpinum

Die Alpen-Johannisbeere ist nicht nur an sonnigen, sondern auch an schattigen Standorten anzutreffen. Sie sieht dann aber anders aus. In der Sonne bildet sie oft einen so dichten, rundlichen Busch, dass die unteren Zweige auf dem Erdboden aufliegen. Sie bewurzeln sich dann und tragen so zur Ausbreitung der Pflanze bei. Im Schatten streben die dünnen, wenig verzweigten Triebe alle nach oben. Die hauptsächliche Verbreitung aber geschieht nicht durch Ableger, sondern durch Vögel, die die Früchte verzehren. Das ist auch die Erklärung dafür, dass man kleine Exemplare der Alpen-Johannisbeere manchmal auf alten Kopfweiden oder anderen Bäumen wachsen sieht.

Typisch

Die Blattstiele der Alpen-Johannisbeere sind höchstens halb so lang wie die Blattspreite. Sowohl die Rote wie die Schwarze Johannisbeere haben langgestielte Blätter.

Die grünlich gelben Blüten der Alpen-Johannisbeere stehen in aufrechten Trauben entlang der vorjährigen Zweige.

Zur Fruchtzeit ist die Unterscheidung kein Problem: Die Beeren der Schwarzen Johannisbeere sind in der Reife tiefschwarz.

VORKOMMEN in Gebüschen und an Waldsäumen, in Wäldern und Schluchten, an Felshängen; vor allem in den Alpen, aber auch in hohen Mittelgebirgen, im Tiefland seltener bis fehlend

GRÖSSE 1–2 m hoher, dicht verzweigter Strauch

VERWENDUNG Die Beeren der Alpen-Johannisbeere sind zwar essbar, schmecken aber weit weniger aromatisch als die der Roten Johannisbeere. Da der Strauch aber Abgase sehr gut verträgt und sich zudem als schnittfest erwies, wird er häufig als Heckenpflanze und Straßenbegleitgrün in Großstädten und Industriegebieten eingesetzt.

ÄHNLICHE ART Vor allem an feuchten Standorten, in Auen, Bruchwäldern und Ufergebüschen, wächst die Schwarze Johannisbeere *(Ribes nigrum)*. Stellenweise kommt der außerdem in vielen Gartensorten als Obstgehölz gepflanzte Strauch auch verwildert vor. Auch ohne Früchte lässt er sich gut an dem starken und unangenehmen Geruch erkennen, den die Blätter beim Zerreiben verströmen.

BLÜTEZEIT/FRUCHTZEIT

J	F	M	A	M	J	J	A	S	O	N	D

Gewöhnliche Berberitze

Berberis vulgaris

Er sieht hübsch aus und wurde überdies seit Jahrhunderten auf mancherlei Weise genutzt – und doch zog man vielerorts radikal gegen den Wildstrauch zu Felde. Die Gewöhnliche Berberitze ist nämlich der Zwischenwirt für den Getreideschwarzrost, einen Pilz, der auf Getreide parasitiert und dieses vernichtet. Um die Ernte zu schützen, wurde die Berberitze in vielen von Ackerbau geprägten Regionen systematisch bekämpft und dort praktisch ausgerottet.

VORKOMMEN in Gebüschen und Hecken, an sonnigen Waldrändern, auf Lichtungen, entlang von Wegen und an Trockenhängen; in Europa, ausgenommen Nordeuropa, weit verbreitet, vom Tiefland bis in 2000 m Höhe

GRÖSSE 1–3 m hoher Strauch mit langen, bogig überhängenden Zweigen

VERWENDUNG Die roten, länglichen Beeren sind essbar, wenngleich sie sehr sauer schmecken (was dem Strauch auch den Volksnamen Sauerdorn eingetragen hat). Sie enthalten viel Vitamin C. Bei uns werden sie traditionell zu Marmelade verkocht, in orientalischen Ländern und Indien werden sie in der Küche frisch und getrocknet als Würze verwendet. Wurzel und Rinde des Strauchs wusste man früher zum Gelbfärben von Stoffen, Leder und Holz zu nutzen. Das sehr harte Berberitzenholz wird für Drechselarbeiten und Intarsien geschätzt.

Typisch

Die kleinen, ovalen Blätter stehen in Büscheln zusammen in den Achseln der Dornen.

BLÜTEZEIT/FRUCHTZEIT

J	F	M	A	M	J	J	A	S	O	N	D

Die gelben, duftenden Blüten hängen in kurzen Trauben von den Zweigen.

Seine kräftigen, drei- bis siebenteiligen Dornen schützen den Strauch wirksam vor Wildverbiss.

Europäischer Feuerdorn

Pyracantha coccinea

Im Herbst macht der Feuerdorn seinem Namen alle Ehre: Mit einer überbordenden Fülle an leuchtend orangen bis feuerroten Früchten sticht er schon von Weitem ins Auge. Was in unseren Gärten wächst, ist allerdings nur noch selten die Wildform des Strauchs. Schon seit

Die cremeweißen, etwas streng riechenden Blüten stehen in dichten Rispen beieinander.

etwa 1630 in Kultur, gibt es ihn heute in einer Unzahl von Gartensorten, deren Fruchtfarben von Hellgelb bis Tiefrot reichen. Den Amseln ist die Farbe jedoch herzlich egal. Sie fressen die nahrhaften Früchte, die bis in den Winter an den Zweigen stehen bleiben, in jedem Fall gerne.

VORKOMMEN beheimatet in Süd- und Südosteuropa, von Italien über den Balkan bis zum Schwarzen Meer; in Mitteleuropa als Ziergehölz angepflanzt

GRÖSSE bis zu 3 m hoher, sparrig verzweigter Strauch

VERWENDUNG Der wintergrüne und anspruchslose Strauch ist ein beliebtes Gartengehölz, das sich aufgrund seiner Rauchfestigkeit auch für Stadtklima eignet.

BLÜTEZEIT/FRUCHTZEIT

J	F	M	A	M	J	J	A	S	O	N	D

Typisch

Sämtliche Seitensprosse des Feuerdorns enden als kräftiger, empfindlich stechender Dorn.

Lorbeerkirsche (G)

Prunus laurocerasus

Lorbeerkirsche oder Kirschlorbeer wird der immergrüne Strauch genannt, dabei ist er weder das eine noch das andere. Lediglich seine Blätter erinnern an die des Echten Lorbeers und seine Früchte sehen aus wie Miniatur-Kirschen. Spätestens im Frühjahr aber wird der Unterschied zum Kirschbaum überdeutlich. Dann nämlich steckt der Strauch eine Vielzahl weißer Blütenkerzen auf, die einen angenehmen Duft verbreiten.

VORKOMMEN wild in Südosteuropa und Kleinasien, dort an schattigen Hängen und in lichten Laubwäldern; bei uns als Ziergehölz gepflanzt, nicht selten siedlungsnah verwildert

GRÖSSE 1–5 m hoher, breitbuschiger Strauch, am natürlichen Standort manchmal auch ein kleiner Baum

VERWENDUNG Der immergrüne Strauch wird in vielerlei Sorten als Ziergehölz in Gärten und Parks gepflanzt, und zwar sowohl im Einzelstand als auch in Hecken. In manchen Gegenden der Türkei werden bestimmte Sorten der Lorbeerkirsche wegen ihrer Früchte kultiviert, aus denen vor allem Marmelade oder Gelee gekocht wird.

ACHTUNG! Die Lorbeerkirsche ist in allen Teilen stark giftig, besonders aber in den Blättern und Samen. Das Fruchtfleisch enthält nur wenig Giftstoffe, die zudem beim Erhitzen zerstört werden. Die Aufnahme von mehr als zehn (rohen) Samen aber kann zu einer lebensbedrohlichen Vergiftung führen.

Typisch

Die ledrig derben, am Rand leicht eingerollten Blätter riechen, wenn man sie zwischen den Fingern zerquetscht, ein wenig nach Bittermandelaroma.

BLÜTEZEIT/FRUCHTZEIT

J	F	M	A	M	J	J	A	S	O	N	D

Im Laufe der Reife verfärben sich die erbsengroßen Steinfrüchte von grün über rot nach tiefschwarz.

Schlehe

Prunus spinosa

Nach altem Volksglauben hausen gute Geister in jedem Schlehenstrauch, die Mensch und Vieh vor Krankheit und Unbill schützen. Viel Gutes bedeutet der »Schlehdorn«, der nach seiner schwärzlichen Rinde auch oft Schwarzdorn genannt wird, auf jeden Fall für die Kleintierwelt. Seine Blüten produzieren reichlich Nektar für die Insekten, sein dichtes Dornengezweig bietet Singvögeln geschützten Nistraum und seine Blätter sind Nahrung für die Raupen des seltenen Segelfalters. Nicht zuletzt dienen die Früchte, die bis in den Winter hinein an den Zweigen bleiben, den Vögeln als wertvolle Winternahrung.

Die 20 Staubblätter einer Schlehenblüte sind ebenso lang wie die schneeweißen Kronblätter.

Die kugeligen, in der Reife blauschwarzen Steinfrüchte tragen einen kräftigen Reifüberzug. Ihr essbares Fruchtfleisch ist grünlich.

VORKOMMEN an sonnigen Waldsäumen und Gebüschen, entlang Wegen, in Hecken und Feldgehölzen, an Hängen und auf Trockenrasen, aber auch als Unterholz in feuchten Auwäldern

GRÖSSE 1–3 m hoher, dicht verzweigter, breitkroniger Strauch

VERWENDUNG Die Früchte werden zu Marmeladen, Saft, Wein oder Likör verarbeitet. Am besten erntet man sie erst nach den ersten Frösten, dann haben sie ihren herben, durch Gerbsäuren bedingten Beigeschmack verloren.

BLÜTEZEIT/FRUCHTZEIT

J	F	M	A	M	J	J	A	S	O	N	D

Typisch

Lange vor dem Laubaustrieb überzieht sich die Schlehe mit einem schneeweißen Blütenkleid.

Purpurweide

Salix purpurea

Blühende Weidensträucher gelten vielen als das Symbol für den Frühling, für das Wiedererwachen der Natur. Die Blütenzweige der Purpurweide, einer unserer häufigsten Weiden, sehen dabei ganz besonders attraktiv aus, zumindest die mit männlichen Kätzchen. Wie alle Weiden sind auch die Purpurweiden »zweihäusig«. Das bedeutet in der Sprache der Biologen, dass ein Strauch oder Baum immer nur Blüten eines Geschlechts hervorbringt, also entweder nur männliche oder nur weibliche (grünlich unscheinbare) Kätzchen trägt.

Die Staubbeutel der Kätzchen sind zunächst purpurrot, mit dem Aufblühen und dem Heranreifen des Pollens wandelt sich dann ihre Färbung über Orange nach Gelb.

VORKOMMEN an Gewässerufern und in feuchten Auwäldern

GRÖSSE bis zu 6 m hoher, dichtbuschiger und weit ausladender Strauch mit straff aufrechten Zweigen

VERWENDUNG Wegen ihres breiten und dichten Wuchses wird die Purpurweide gern zur Uferbefestigung in Hochwassergebieten gepflanzt. Regional baut man sie auch als Flechtweide an. Ihre langen, dünnen und sehr biegsamen Zweige eignen sich hervorragend zum Korbflechten.

Typisch

Die Rinde junger Zweige ist oft kräftig purpurrot gefärbt, was vor allem im Winter, wenn das Laub fehlt, gut zur Geltung kommt.

BLÜTEZEIT/FRUCHTZEIT

J	F	M	A	M	J	J	A	S	O	N	D

Salweide

Salix caprea

In der Osterzeit wird den silberpelzigen Kätzchen der Salweide vor allem in katholischen Gegenden besondere Ehre als Symbol für Wachstum und Fruchtbarkeit zuteil. Als »Palmkätzchen« werden sie nach altem Brauch zu »Buschen« gebunden, mit allerlei Symbolen geschmückt und in der Kirche geweiht. Zu Hause steckt man sie an-

Typisch

Die derben, breit ovalen Laubblätter entfalten sich erst nach der Blütezeit. Auf ihrer Unterseite tragen sie eine dichte, weiß-filzige Behaarung.

Mit dem Aufblühen überziehen sich die männlichen Blütenkätzchen mit Hunderten hellgelber Staubgefäße.

Millionen winziger Samen mit langen, weißen Samenhaaren übergibt die Salweide dem Wind zur Verbreitung.

schließend teils über den Esstisch, teils auf die Felder und teils in den Stall. Da die blühenden Zweige eine wichtige Bienenweide darstellen, sollten sie jedoch besser in der Natur verbleiben. Immerhin enthält der reichlich gebildete Nektar der Weidenkätzchen rund 70 % Zucker.

VORKOMMEN an Waldrändern, entlang von Wegen, oft als Pioniergehölz auf Brachland, in Steinbrüchen und Kiesgruben, aber auch zusammen mit anderen Weiden an Gewässerufern

GRÖSSE bis zu 10 m hoher Großstrauch oder Baum

VERWENDUNG Schon in der Antike wurde ein Extrakt aus Weidenrinde als Heilmittel gegen Fieber und Schmerzen eingesetzt. Heute weiß man, dass in der Rinde der Salweide (und auch anderer Weidenarten) der Wirkstoff Salicin reichlich enthalten ist. Aus ihm lässt sich durch chemische Aufbereitung Acetylsalicylsäure herstellen, eine Substanz, die unter dem Markennamen Aspirin allgemein bekannt geworden ist.

BLÜTEZEIT/FRUCHTZEIT

J	F	M	A	M	J	J	A	S	O	N	D

Grauweide

Salix cinerea

Grauweide oder auch Aschweide wird das dicht verzweigte Gehölz deshalb genannt, weil seine jungen Triebe eine filzig graue Behaarung tragen und auch die Blätter auf der Unterseite hellgrau behaart sind. Nach der Blütezeit wirkt dann oft der ganze Strauch von weitem silbergrau. Zu diesem Zeitpunkt sind nämlich in den weiblichen Kätzchen die Samen herangereift und auf den Zweigen sitzen lauter »Wattebäusche« aus weißen Samenhaaren. Beim leisesten Wind wirbeln dann Millionen von Samen durch die Luft, als würde es schneien.

VORKOMMEN an Ufern stehender und langsam fließender Gewässer, entlang von Gräben, an Rändern von Sümpfen und Mooren; stets auf feuchtem Boden

Vor dem Aufblühen tragen die männlichen Kätzchen ein silbergraues Pelzchen, danach präsentieren sie eine Unzahl gelber Staubgefäße.

GRÖSSE meist bis zu 3 m, manchmal auch bis zu 5 m hoher Strauch mit sehr breitem, oft nahezu halbkugeligem Wuchs

VERWENDUNG Aufgrund ihres breiten Wuchses wird die Grauweide häufig zur Uferbefestigung angepflanzt.

BLÜTEZEIT/FRUCHTZEIT

J	F	M	A	M	J	J	A	S	O	N	D

Typisch

Von weitem wirken Grauweiden auffallend graugrün, freistehende Exemplare sind außerdem an ihrem halbkugeligen Wuchs unschwer zu erkennen.

Korbweide

Salix viminalis

Bizarre Baumgestalten prägen vielerorts das Bild von Auenlandschaften. »Kopfweiden« werden diese Bäume genannt, aus deren knubbeligen Stammstümpfen lauter lange, dünne Zweige emporragen. Mit einem solchen Austrieb reagiert die Korb- oder Hanfweide jedesmal, wenn man ihre Zweige bis zum Ansatz am Stamm zurückschneidet. Weil die dünnen, unverzweigten Ruten nicht nur lang, sondern auch ungemein zäh und biegsam sind, stellen sie das ideale Material zum Flechten von Körben und anderen Haushaltswaren dar.

VORKOMMEN in Auwäldern, an Fluss- und Seeufern, entlang von Gräben

GRÖSSE 3–6 m hoher Großstrauch, oft aber auch ein bis zu 8 m hoher Baum mit straff aufrechten Zweigen

VERWENDUNG »Bewirtschaftete« Korbweiden werden alle 2–3 Jahre nach dem herbstlichen Laubfall erneut beschnitten. Aus den geschälten oder ungeschälten Ruten werden früher wie heute Korbwaren geflochten.

BLÜTEZEIT/FRUCHTZEIT

J	F	M	A	M	J	J	A	S	O	N	D

Typisch

Die schmal lanzettlichen Laubblätter können bis zu 25 cm lang werden. Ihr Rand ist meist etwas nach unten umgerollt, die Unterseite graugrün getönt.

Grau bepelzt kommen die männlichen Kätzchen aus der Knospenhülle. Binnen weniger Tage öffnen und strecken sie sich zu langen, gelben Blütenständen.

Gewöhnliche Felsenbirne

Amelanchier ovalis

Sie liebt es heiß und trocken, Fels und Schotter machen ihr nichts aus. Als typischer Rohbodenpionier kommt die Felsenbirne mit erstaunlich wenig Erdreich aus, ihre Wurzeln krallen sich an steilen Hängen in Felsritzen fest, wo sich kaum ein anderes Gehölz mehr halten kann. Die Verbreitung des Strauchs übernehmen die Vögel. Vor allem Drosseln fressen die süßen Früchte mit Begeisterung. Ihre Samen scheiden sie unverdaut wieder aus – oft weit vom Strauch entfernt.

Schneeweiß erstrahlen die fünf schmalen Kronblätter der Blüten, die sich zusammen mit dem Laubaustrieb öffnen.

Die etwa erbsengroßen, zunächst grünen, dann roten und in der Reife blauschwarzen Früchte tragen eine weißliche Bereifung.

VORKOMMEN an felsigen Hängen, in lichten Gebüschen und Laubwäldern, an Sonnenhängen, stets an warmen und trockenen Standorten; in Mitteleuropa wild nur in Weinbaugebieten; gelegentlich als Ziergehölz gepflanzt

GRÖSSE 1–3 m hoher, reich verzweigter Strauch

VERWENDUNG Aus den kleinen, kugeligen Apfelfrüchten lässt sich eine delikate Marmelade kochen, die sich durch einen leichten, marzipanartigen Beigeschmack auszeichnet. Die süßen Früchte sind nicht nur sehr vitaminreich, sie enthalten auch Substanzen, die Herz und Gefäße stärken und den Blutdruck senken.

BLÜTEZEIT/FRUCHTZEIT

J	F	M	A	M	J	J	A	S	O	N	D

Typisch

Wenn sich die Blätter im Frühjahr aus den Knospen entfalten, sind sie weißfilzig behaart – was dem Strauch im Alpenraum den Volksnamen Edelweißstrauch eingetragen hat.

Weichselkirsche

Prunus mahaleb

Die Weichselkirsche, auch Steinweichsel oder Felsenkirsche genannt, ist wahrlich hart im Nehmen. Hohe Temperaturen machen ihr ebenso wenig aus wie lange Trockenheit. Wenn es in einem Jahr gar nicht regnen will und ihre Blätter vertrocknen, wirft sie diese kurzerhand ab – und treibt im nächsten Jahr erneut aus. Um sich zu vermehren, vermag die Weichselkirsche reichlich Ausläufer zu bilden, zum Teil meterweit vom Stamm entfernt. Hauptsächlich aber wird sie von Tieren verbreitet, die die Früchte fressen und deren Steinkerne unverdaut irgendwo wieder ausscheiden. Amseln, Drosseln, Tauben und andere Vögel erweisen der Pflanze diesen Dienst ebenso wie Marder, Füchse oder Eichhörnchen.

VORKOMMEN an sonnigen Hängen und Waldsäumen, in lichten Gebüschen und Hecken, an warmen, trockenen Standorten; beheimatet im Mittelmeerraum, bei uns wild hauptsächlich in Weinbaugebieten; in Parks und Gärten als Ziergehölz gepflanzt

Die reinweißen Blüten mit ihren fünf rundlichen Kronblättern verströmen einen angenehmen Duft.

Mit zunehmender Reife verändern die nur erbsengroßen Steinfrüchte ihre Farbe von Rot nach Schwarz.

GRÖSSE meist ein 1–3 m hoher Strauch, gelegentlich auch ein mehrstämmiger Baum bis 6 m Höhe

VERWENDUNG Die »Kirschen« sind roh essbar, schmecken aber saurer als Vogelkirschen (siehe Seite 204/205) und auch etwas herb. Auch Marmelade oder Kompott lässt sich daraus bereiten, ebenso ein aromatischer Früchtetee. Wirtschaftliche Bedeutung aber erlangte die Weichselkirsche nicht als Obstbaum, sondern als Veredelungsunterlage für Süß- und Sauerkirschen. Die Baumschulen wissen ihr kräftiges Wurzelwerk, das tief in den Boden eindringt, und ihr robustes Stammholz zu schätzen.

BLÜTEZEIT/FRUCHTZEIT

J	F	M	A	M	J	J	A	S	O	N	D

Typisch

Junge Zweige der Weichselkirsche sind fein behaart und fühlen sich leicht klebrig an.

Stechpalme (A, G)

Ilex aquifolium

Kein Weihnachten ohne Stechpalmen-Motiv auf Dekorationsgegenständen aller Art! Insbesondere in England symbolisieren die immergrünen, auch im Winter noch fruchttragenden Ilex-Zweige das Fortbestehen des Lebens auch während der kalten Jahreszeit. Auch die Vögel, die in dieser Zeit sonst kaum mehr etwas finden, schätzen die roten Früchte als Winternahrung. Anders als für uns Menschen sind sie für Vögel nicht giftig.

Die extrem stacheligen Blätter im Kontrast zu den leuchtend roten Früchten sind das Markenzeichen des immergrünen Gehölzes.

VORKOMMEN meist als Unterwuchs in lichten Laub- und Mischwäldern; in West- und Mitteleuropa und in den Gebirgslagen des Mittelmeerraums; in Deutschland wild fast nur im Norddeutschen Tiefland, im Alpenvorland und westlich des Rheins. Wilde Bestände sind in Deutschland streng geschützt!

GRÖSSE 1–5 m hoher Strauch, bei freiem Stand auch bis zu 10 m hoher Baum mit dicht belaubter Krone

VERWENDUNG Stechpalmenzweige sind ein weit verbreiteter Weihnachtsschmuck. Gern werden Stechpalmen, auch Hülse genannt, als Ziergehölz angepflanzt, oft als Gartensorten mit hell geflecktem oder gerandetem Laub.
Das helle, sehr feinfaserige Holz ist vor allem für Intarsien und feine Drechselarbeiten begehrt.

ACHTUNG! Blätter und Früchte der Stechpalme sind stark giftig. Der Verzehr von 20–30 Beeren ist für einen erwachsenen Menschen tödlich, bei Kindern reichen entsprechend weniger.

BLÜTEZEIT/FRUCHTZEIT

J	F	M	A	M	J	J	A	S	O	N	D

Typisch

Es kommt oft vor, dass auf ein und derselben Pflanze sowohl glattrandige wie auch stachelig gezackte Blätter ausgebildet werden.

Sanddorn

Hippophaë rhamnoides

Wer den sparrigen Strauch sieht, muss nicht mehr lange fragen, woher er seinen Namen hat. Er wächst vorzugsweise auf sandigem oder kiesigem Boden und ist über und über mit langen, empfindlich stechenden Dornen bestückt. Während seine winzigen Blüten, die vor oder mit dem Laub erscheinen, noch leicht übersehen werden können, stechen die orangefarbenen Früchte schon von Weitem ins Auge. Sie schmecken zwar ausgesprochen sauer, doch schon im Mittelalter setzten die Heilkundigen sie als Allround-Medizin gegen allerlei Leiden ein. Heute weiß man, dass sie überaus reich an Vitaminen sind.

VORKOMMEN auf Küstendünen, im Binnenland auf Kies- und Sandflächen, sei es in Schotterauen von Flüssen, in Kiesgruben, in lichten Kiefernwäldern, in den Alpen auch auf Felsgrushalden; häufig als Zier- und Nutzstrauch in Gärten gepflanzt

GRÖSSE 1–5 m, meist aber 2–3 m hoher Strauch, manchmal auch kleiner Baum bis zu 8 m Höhe

VERWENDUNG Die Früchte werden zu einem dicken Saft oder Sirup (schmeckt hervorragend in Mischgetränken), zu Marmelade oder Fruchtmus verarbeitet. Aus den Kernen wird industriell ein wertvolles Öl gepresst, das in kosmetischen Produkten Verwendung findet. Oft wird der Strauch, der über ein tief reichendes und sehr ausgedehntes Wurzelwerk verfügt, zur Befestigung von Straßenböschungen und lockeren Böden gepflanzt.

Typisch

Die weidenartig schmalen Blätter sind anfangs beidseitig, später nur noch unterseits dicht silbriggrau behaart, was dem Strauch aus der Ferne ein graugrünes Aussehen verleiht.

Die saftig-fleischigen Früchte des Sanddorns bleiben oft den ganzen Winter über am Strauch und dienen dann Vögeln als willkommene Nahrung.

Zweigriffeliger Weißdorn

Crataegus laevigata

Als Heckenstrauch ist der Weißdorn besonders beliebt. Der dichte, dornige Strauch stellt einen perfekten lebenden Zaun dar, und als solcher wurde er auch jahrhundertelang genutzt. Nicht von ungefähr heißt er auch Hagedorn. Er ist langlebig, verträgt Rückschnitt gut, liefert wertvolle Früchte und Holz und bietet auch noch den Vögeln Schutz und Nahrung. Auch dem Auge hat der Weißdorn viel zu bieten, wenn er im Frühling das Landschaftsbild mit seinem weißen Blütenkleid schmückt. Leider riechen die hübsch anzusehenden Blüten für unsere menschliche Nase nicht besonders angenehm.

Die Blüten des ansonsten sehr ähnlichen Eingriffeligen Weißdorns haben, wie der Name schon sagt, nur einen Griffel.

Die knallroten, beerenförmigen Früchte des Weißdorns sind bei Vögeln überaus begehrt.

VORKOMMEN in Hecken, Gebüschen und Feldgehölzen, lichten Laub- und Mischwäldern; häufig als Ziergehölz in Parks und Gärten gepflanzt

GRÖSSE 3–8 m hoher Strauch, bisweilen auch als kleiner Baum wachsend

VERWENDUNG Die etwas mehlig schmeckenden Früchte lassen sich zu Fruchtaufstrichen verarbeiten. Aus dem harten und schweren Holz des langsamwüchsigen Weißdorns werden stabile Gebrauchsgegenstände wie Werkzeuggriffe, früher auch Radspeichen oder Spazierstöcke gefertigt.

ÄHNLICHE ART Noch eine zweite, sehr ähnliche Weißdornart gibt es in Mitteleuropa, den Eingriffeligen Weißdorn *(Crataegus monogyna)*. Außer in der Anatomie der Blüten (siehe Foto) unterscheidet er sich auch in der Form der Blätter. Seine Blätter sind etwas tiefer eingeschnitten.

BLÜTEZEIT/FRUCHTZEIT

J	F	M	A	M	J	J	A	S	O	N	D

Typisch

Während die Früchte des Zweigriffeligen Weißdorns je zwei Kerne aufweisen, haben die des Eingriffeligen nur jeweils einen einzigen Kern.

Typisch

Die bis zu 20 cm langen, runzelig wirkenden Blätter sind auf der Oberseite glänzend dunkelgrün, auf der Unterseite hingegen graugrün behaart.

Mispel

Mespilus germanica

Von den Römern war der ursprünglich aus Westasien stammende Baum nach Mitteleuropa gebracht worden, wo er noch das ganze Mittelalter hindurch eine verbreitete Obstart war. Karl der Große hatte höchstselbst für sein Reich angeordnet, Mispelbäume zu pflanzen und zu pflegen. Heute ist die Mispel als Obst bei uns weitgehend in Vergessenheit geraten, höchstens als Ziergehölz findet man sie noch in den Gärten. Schließlich kann sie im Frühjahr mit wunderschönen, großen Blüten und im Herbst mit einer attraktiven Laubfärbung aufwarten.

VORKOMMEN ursprünglich in Westasien, in der Antike bereits in Südosteuropa verbreitet, später in Mitteleuropa als Obstgehölz eingeführt, stellenweise verwildert

GRÖSSE bis 5 m hoher Baum mit breiter Krone und oft krummem Stamm, manchmal auch nur strauchförmig wachsend

VERWENDUNG Die etwa 4 cm großen Früchte sind zunächst ziemlich hart und schmecken sehr herb. Wenn man sie aber nach den ersten Frösten erntet oder einige Zeit einlagert, werden sie weich und mild. Dann schmecken sie angenehm säuerlich und ergeben einen delikaten Fruchtaufstrich. (Die in Mittelmeerländern häufig angebotenen »Mespile« sind die Früchte der aus Fernost stammenden Wollmispel *(Eriobotrya japonica)*, die heute in diesen Ländern vielfach angebaut werden.)

BLÜTEZEIT/FRUCHTZEIT

J	F	M	A	M	J	J	A	S	O	N	D

In den Zwischenräumen der breiten, schneeweißen Kronblätter werden lange, schmale Kelchblätter sichtbar. Sie bleiben später als lange Zipfel an der reifen Frucht stehen.

Die etwa 4 cm breite Frucht ist am Kopf vertieft und in der Reife hellbraun. Im Inneren sitzen, von fleischigem Gewebe umschlossen, die Kerne.

Gewöhnliche Hasel

Corylus avellana

Seit Jahrtausenden schon knacken die Menschen die harten Schalen der Haselnüsse und knabbern dann die schmackhaften Kerne. Funde in Siedlungen von Steinzeitmenschen zeigen, dass die Nüsse damals ein wichtiger Nahrungsbestandteil waren. Immerhin bestehen sie zu 60 % aus fetten Ölen und enthalten überdies viel Eiweiß. Auch Tiere wissen die nahrhaften Nüsse zu schätzen. Mäuse und Eichhörnchen, Häher und Kleiber fressen sie nicht nur im Herbst gerne, sie legen auch Vorratsdepots an. Weil sie oft nicht mehr alle wiederfinden, tragen sie damit entscheidend zur Vermehrung des Strauchs bei.

Lang und schlaff hängen die männlichen Kätzchen der Hasel herab, während die weiblichen Blüten in länglichen Knospen verborgen bleiben und nur ihre roten Narben herausstrecken.

Die meist zu mehreren beieinandersitzenden Nüsse reifen in einer becherförmigen Blatthülle heran. Das helle Mal, das an der reifen Haselnuss auffällt, ist die einstige Ansatzstelle dieser Hülle.

VORKOMMEN an Waldsäumen, in Feldgehölzen, Gebüschen und Hecken, an Ufern von Bächen und Flüssen; vielfach als Ziergehölz in Parks und Gärten gepflanzt

GRÖSSE 2–4 m hoher, in Ausnahmefällen auch bis zu 6 m hoher Strauch

VERWENDUNG Haselnüsse werden, roh oder geröstet, als Knabberei gegessen oder gemahlen in vielerlei Backwaren verarbeitet. Industriell wird ein wertvolles Speiseöl aus ihnen gepresst. Die sehr elastischen Ruten liefern Flechtmaterial für Korbmacher, und Y-förmige Zweige stellen das »Werkzeug« der Wünschelrutengänger dar.

BLÜTEZEIT/FRUCHTZEIT

J	F	M	A	M	J	J	A	S	O	N	D

Typisch

Die weichen, rundlichen Blätter haben einen doppelt gesägten Rand und sind vorn in ein kleines Spitzchen ausgezogen.

Selten sind Apfelblüten rein weiß, meist zeigen sie ein bezauberndes weiß-rosa Farbenspiel.

Die nur 3–4 cm großen Äpfelchen bleiben auch in der Reife grünlichgelb mit höchstens zart rötlichen Bäckchen.

Wildapfel

Malus sylvestris

Wer herzhaft in eines der kleinen Äpfelchen beißt, weiß, warum der Wildapfel auch Holzapfel genannt wird. Das holzig-derbe und trockene Fruchtfleisch ist kein wirklicher Genuss, zumal es auch noch ziemlich sauer und leicht bitter schmeckt. Die Menschen der Steinzeit schienen das Wildobst dennoch zu schätzen, wie reichliche Funde in ihren Pfahlbausiedlungen zeigen. Man nimmt an, dass sie bereits mit der Kultur des Apfels begannen. Die heutigen Zuchtapfelsorten haben aber außer dem Wildapfel noch andere, vor allem asiatische, Ahnväter in ihrem Stammbaum.

VORKOMMEN in Laubmischwäldern, Auwäldern, Hecken und Gebüschen; selten geworden und schwer von verwilderten Kulturäpfeln zu unterscheiden

GRÖSSE 4–8 m hoher Strauch, manchmal auch als bis zu 10 m großer Baum wachsend

VERWENDUNG In alter Zeit zählten Holzäpfel getrocknet oder gekocht zur Nahrung der Menschen. Seit der Verbreitung der Kulturäpfel aber hat die Wildart ihre wirtschaftliche Bedeutung nahezu verloren. Imker schätzen die Sträucher als ergiebige Bienenweide, und Liebhaber von Wildfrüchten setzen die sauren Äpfelchen gemischten Marmeladen zu oder bereiten Likör daraus.

Typisch

Nicht blühende Zweige enden häufig in kräftigen und sehr spitzen Dornen.

BLÜTEZEIT/FRUCHTZEIT

J	F	M	A	M	J	J	A	S	O	N	D

Mehlbeere

Sorbus aria

Wurde in früheren Zeiten in Hungersnöten das Mehl knapp, griffen die Menschen zu den Mehlbeeren. Getrocknet und gemahlen lieferten die roten Früchtchen einen passablen Ersatz, der über so manche Notzeit hinweghalf. Man konnte Brot damit backen oder ihn mit Milch zu einem nahrhaften Kinderbrei verkochen. So kommt es, dass der kleine Baum bis heute Mehlbeere heißt.

Typisch

An den Enden junger Triebe bilden sich im Frühjahr dichte Schirmrispen mit cremeweißen Blütchen.

Auf der Unterseite tragen die Blätter eine dichte, filzig-weiße Behaarung, was besonders beim Austrieb im Frühjahr ins Auge sticht.

Die runden bis eiförmigen, orangeroten Früchte sehen aus wie kleine Äpfelchen. Ihr Fruchtfleisch ist mehlig und schmeckt ziemlich fade.

VORKOMMEN an sonnigen Hängen, in lichten Laub- und Kiefernwäldern, am Saum von Gebüschen; vor allem in den tieferen Lagen der Alpen und in der Mittelgebirgsregion; vielfach als Straßen- und Parkbaum angepflanzt

GRÖSSE bis zu 12 m hoher Baum mit kugeliger Krone oder Großstrauch mit steil aufgerichteten Ästen

VERWENDUNG Während die Früchte der Mehlbeere heute kaum noch gegessen werden, findet das Holz, das zu den härtesten europäischen Hölzern zählt, gelegentlich für Drechselarbeiten Verwendung. Weil es in Farbe und Maserung dem Birnbaumholz ähnelt, wird es im Handel auch als »Schweizer Birnbaum« angeboten.

ACHTUNG! Roh und in größeren Mengen gegessen können die Früchte zu Magenverstimmung führen. Beim Erhitzen wird die dafür verantwortliche Substanz aber zerstört, sodass Zubereitungen als Mus oder Marmelade unbedenklich sind.

BLÜTEZEIT/FRUCHTZEIT

J	F	M	A	M	J	J	A	S	O	N	D

Gewöhnliche Traubenkirsche

Prunus padus

Gegen Wildverbiss vermag die Traubenkirsche sich durch einen unangenehmen Geruch ihrer Rinde zu schützen, gegen den Appetit bestimmter Raupen richtet sie damit nichts aus. Traubenkirschengespinstmotte heißt der Kleinschmetterling, dessen Raupen nicht selten in solchen Massen über den Strauch herfallen, dass nur kahle, in weiße Gespinste gehüllte Zweige übrigbleiben. Erstaunlicherweise kommt das Gehölz dabei kaum ernsthaft zu Schaden, meist treibt es einige Wochen später wieder frisch aus.

VORKOMMEN in Auwäldern, an feuchten, schattigen Waldrändern und im Schwemmland von Flüssen; vielfach als Zier- oder Straßenbaum gepflanzt

GRÖSSE 5–12 m hoher Großstrauch oder kleiner Baum

VERWENDUNG Die kleinen, schwarzen Kirschen werden von Liebhabern von Wildobst gerne zu Marmelade oder Säften verarbeitet, auch wenn sie eine leichte Bitternote haben und wegen ihres verhältnismäßig großen Steinkerns nur wenig ergiebig sind. In Gärten sieht man häufig Zuchtformen mit gefüllten Blüten oder besonders großen Blütentrauben.

Typisch

Schält man ein Stück von der Zweigrinde ab und reibt es zwischen den Fingern, ist ein ziemlich unangenehmer, essigartiger Geruch wahrzunehmen.

Die weißen Blüten, später auch die Früchte, hängen im Frühjahr in reichen Trauben an den Zweigen.

Die zunächst roten, in der Reife dann schwarzen, erbsengroßen Früchte enthalten einen großen Steinkern.

Vogelkirsche

Prunus avium

Wildkirsche oder Wilde Süßkirsche wird die Vogelkirsche auch oft genannt, ist sie doch die Wildform unserer Süßkirschen, die sich auf dem Obstmarkt finden. Zwar sind ihre Früchte kleiner und weniger saftig, aber süß und aromatisch – was vor allem die Vögel zu schätzen wissen. Der Name Vogelkirsche ist also durchaus passend. Vögel sind es auch, die für die Verbreitung des Baumes sorgen. Am Waldrand und auf Kahlschlägen zählt die Art zu den Pioniergehölzen, die als Erste Fuß fassen. Zweimal im Jahr wird sie dann zum Hingucker im Landschaftsgrün, im Frühjahr mit ihrem schneeweißen Blütenkleid und im Herbst mit ihrer auffällig flammend orange- bis karminroten Laubfärbung.

Die an langen Stielen von den Zweigen hängenden Kirschen verfärben sich bei der Reifung von Gelb über Orange nach tief Rot.

VORKOMMEN an Waldrändern und auf Lichtungen, in Hecken und Feldgehölzen, an sonnigen, steinigen Hängen und Weideflächen; in den Alpen bis in 1700 m Höhe

GRÖSSE 15–20 m, in Ausnahmefällen sogar bis 30 m hoher Baum mit rundlicher Krone

VERWENDUNG Auch wenn die Früchte weniger ergiebig als Kulturkirschen sind, werden sie doch gerne zu Marmeladen, Kompotten und Likören verarbeitet. In Baumschulen dient die robuste Vogelkirsche oft als Pfropfunterlage für die Veredelung von Kulturkirschen und Japanischen Blütenkirschen. Das rötliche, schön gemaserte Holz ist ein begehrtes Möbel- und Furnierholz.

Typisch

Die ovalen, fein gesägten Blätter laufen in einer kurzen Spitze aus. Am Blattstiel sitzen jeweils zwei dicke, rötliche Nektardrüsen.

BLÜTEZEIT/FRUCHTZEIT

J	F	M	A	M	J	J	A	S	O	N	D

Gewöhnlicher Efeu (G)

Hedera helix

Kaum ein heimisches Gewächs ist so verbreitet, so bekannt und zugleich so ungewöhnlich wie der Efeu. Nicht nur, dass er im Herbst blüht und im Frühjahr die Früchte reifen, er trägt auch komplett verschieden aussehendes Laub. Und damit nicht genug, er verfügt auch noch über zweierlei Wurzeln. Über das übliche Wurzelwerk versorgt er sich mit Wasser und Nährstoffen aus dem Boden, mit den anderen Wurzeln, die direkt den Zweigen entspringen, krallt er sich an einer Unterlage fest und klettert daran empor.

Die schwarzen Beeren des Efeus, die sich aus unscheinbaren Blüten entwickeln, bleiben sehr lange an den Zweigen haften. An ihrer abgeflachten Seite ragt noch der Blütengriffel heraus.

Typisch

Während die Blätter an den Klettersprossen eine drei- bis fünflappige Spreite haben, sind die Blätter der blütentragenden Sprosse rautenförmig und glänzend glatt.

VORKOMMEN in schattigen Laubwäldern, Gebüschen und Auengehölzen, an Ruinen, Mauern und Gebäuden; vielfach in Parks und Gärten gepflanzt

GRÖSSE Kletterstrauch, der an einer geeigneten Unterlage bis zu 20 m hoch werden kann

VERWENDUNG In Gärten wird der robuste und selbstkletternde Efeu gerne zur Begrünung von Hauswänden, Garagen und Pergolen eingesetzt, ebenso als Bodendecker in schattigen Gartenteilen. Weil die immergrüne Pflanze als ein Symbol für Unsterblichkeit gilt, wird sie auch gern auf Gräber gepflanzt.

ACHTUNG! Alle Pflanzenteile des Efeus sind giftig. Schon nach Verzehr von 2–3 Beeren können Erbrechen, Durchfall und Krämpfe auftreten, größere Mengen können bis zum Atemstillstand führen.

BLÜTEZEIT/FRUCHTZEIT

J	F	M	A	M	J	J	A	S	O	N	D

Grauerle

Alnus incana

Vor allem, wenn beim winterkahlen Gehölz die hellgraue, glatte Rinde ins Auge sticht, muss man nicht mehr lange fragen, woher der Baum seinen Namen hat. Grauerlen bilden entlang von Fließgewässern oft große Bestände. Das ist kein Wunder, landen ihre kleinen Früchte, wenn sie aus den trockenen Zapfen ausfallen, doch meistens im Wasser. Mit ihren häutigen Flügeln können sie gut schwimmen und werden so mit dem Wasser verbreitet. Die leeren kleinen Zapfen bleiben noch lange, oft jahrelang, an den Zweigen hängen.

Die männlichen Blüten bilden dünne, in kleinen Grüppchen von den Zweigen herabhängende Kätzchen.

Die kleinen, eiförmigen weiblichen Blütenstände entwickeln sich zu braunen, verholzten, etwa 1,5 cm großen Zapfen.

VORKOMMEN an Bach- und Flussufern und in Auwäldern, an feuchten Hängen; in Mitteleuropa vor allem in den Mittelgebirgen und im Alpenraum, ansonsten in Nord- und Osteuropa

GRÖSSE bis zu 20 m hoher Baum mit eher schlanker Krone, oft vom Grund an mehrstämmig

VERWENDUNG Weil die Grauerle als Pioniergehölz neue Bodenflächen rasch zu besiedeln vermag, wird sie im Gebirge häufig zur Hangsicherung in steilem Terrain oder an Erdrutschhängen angepflanzt. Auch zur Begrünung von Autobahnböschungen und Müllhalden hat sie sich bewährt. Ihr relativ weiches Holz dient zu Schnitzarbeiten und für kleinere Gebrauchsgegenstände, für den Möbelbau sind die Stämme meist nicht dick genug.

Typisch

Im Gegensatz zur Schwarzerle (siehe Seite 210/211) enden die Blätter der Grauerle in einer kleinen Spitze.

BLÜTEZEIT/FRUCHTZEIT

J	F	M	A	M	J	J	A	S	O	N	D

Schwarzerle

Alnus glutinosa

Erlenholz hat eine merkwürdige Eigenschaft: Wenn es der Witterung ausgesetzt ist, zeigt es sich weich und wenig beständig. Sobald es aber unter Wasser ist, erlangt es die Härte und Dauerhaftigkeit von Eichenholz. Das wussten unsere Vorfahren schon vor 4000 Jahren: Die jungsteinzeitlichen Pfahlbausiedlungen am Bodensee sind auf Erlenstämmen errichtet. Ebenso ist Venedig zu einem großen Teil auf Erlenholz erbaut.

VORKOMMEN an Bach- und Flussufern, in Bruchwäldern und periodisch überschwemmten Auen, in Nasswiesen und Mooren

GRÖSSE bis zu 30 m hoher Baum mit ovaler Krone

VERWENDUNG Oft wird die raschwüchsige Schwarzerle mit ihren tiefreichenden Wurzeln zur Befestigung von Uferböschungen gepflanzt. Das Holz wird als Möbelholz sehr geschätzt. An der Luft dunkelt es rasch nach und nimmt dann einen kräftig orangeroten Ton an.

Im Frühjahr hängen neben den langen, gelblichen männlichen Kätzchen und den rötlichen weiblichen Blütenständen noch die schwarzen, verholzten Zapfen des Vorjahrs am Baum.

Die verkehrt eiförmigen Blätter sind am Vorderende stumpf oder sogar leicht eingedellt. Solange sie noch jung sind, fühlen sie sich leicht klebrig an.

BLÜTEZEIT/FRUCHTZEIT

J F M A M J J A S O N D

Typisch

Die Rinde älterer Schwarzerlen ist tief schwarzbraun gefärbt – Anlass für den deutschen Namen des Baumes.

Bruchweide

Salix fragilis

Knackweide wird diese Weidenart auch genannt, mancherorts auch Glasweide. Das rührt daher, dass ihre Zweige ungewöhnlich leicht an der Ansatzstelle abbrechen, und dies stets mit einem vernehmlichen Knacken. Sie sind auch nur wenig biegsam, sodass sie sich kaum für Flechtarbeiten eignen wie die der ähnlichen Silberweide (siehe Seite 214/215). Optisch fällt die Unterscheidung von der Silberweide aber oft schwer, denn die beiden Baumarten hybridisieren sehr leicht, das heißt, sie bilden natürliche Mischlinge.

Die gelben, anfangs aufrecht stehenden, männlichen Kätzchen hängen gegen Ende der Blütezeit schlaff herab. Bis dahin hat sich auch das junge Laub schon weit entwickelt.

VORKOMMEN in Fluss- und Bachauen, auf zeitweilig überschwemmten, oft kiesigen Böden; vom Tiefland bis zu den Mittelgebirgen

GRÖSSE bis zu 15 m hoher Baum, gelegentlich aber auch strauchförmig wachsend

VERWENDUNG Wegen ihres reichverzweigten Wurzelwerks eignet sich die Bruchweide ebenso wie die Silberweide gut zur Uferbefestigung. Ihr weiches, aber auch leichtes Holz wurde lange Zeit zur Fertigung von Prothesen und Holzschuhen verwendet.

BLÜTEZEIT/FRUCHTZEIT

J	F	M	A	M	J	J	A	S	O	N	D

Typisch

Auf den ersten Blick sehen die Blätter denen der Silberweide ähnlich, doch werden sie etwas größer und breiter. Außerdem haben sie zwar auch eine hellere Unterseite, die aber nicht silbrig behaart ist.

Silberweide

Salix alba

Diese größte unserer heimischen Weiden hat nichts dagegen, mit den Füßen im Wasser zu stehen – zumindest zeitweise. Bis zu 200 Jahre und älter können die mächtigen Bäume werden. Weil ihr relativ weiches Holz im Kern rasch verwittert, sind die Stämme solcher Baum-Senioren oft weitgehend hohl. Das verschafft vielerlei Tieren Wohnraum, von Eulen über Marder bis zu Fledermäusen.

VORKOMMEN in Bach- und Flussauen, vor allem in den Weichholzauen, dem Uferbereich, der mehr oder weniger regelmäßig überschwemmt wird

GRÖSSE bis zu 30 m hoher Baum mit lockerer, im Alter oft unregelmäßiger Krone

Typisch

Die schmal lanzettlichen, zugespitzten Blätter sind auf der Oberseite dunkelgrün, auf der Unterseite tragen sie eine silbriggrau glänzende Behaarung, was den Namen der Art erklärt.

BLÜTEZEIT/FRUCHTZEIT

J	F	M	A	M	J	J	A	S	O	N	D

VERWENDUNG Die langen, überaus biegsamen Weidenruten der Silberweide fanden (und finden teilweise heute noch) bei der Korbflechterei Verwendung. Wie bei der Korbweide (siehe Seite 182/183) entwickelten sich Bäume, die alle 2–3 Jahre zur Gewinnung von Ruten geschnitten wurden, zu knorrigen sogenannten »Kopfweiden«.

Männliche und weibliche Blütenkätzchen erscheinen wie bei allen Weiden getrennt auf verschiedenen Bäumen. Die männlichen (Bild rechts) hängen bogig über und werden beim Stäuben gelb, die weiblichen stehen aufrecht und bleiben grün.

Ginkgobaum

Ginkgo biloba

Vor 300 Millionen Jahren, lange bevor die Dinosaurier durch die Urzeitwälder stapften, wuchsen bereits Ginkgobäume auf der Erde. Kaum zu glauben, dass die Art diese unvorstellbar lange Zeit praktisch unverändert überdauern konnte. »Lebendes Fossil« wird sie daher auch genannt. Die Botaniker ordnen den Ginkgo unter die Nacktsamer ein, weil seine Samenanlagen nicht in einem Fruchtknoten eingeschlossen sind. Damit ist der Urweltbaum – ungeachtet

In kleinen Büscheln stehen die charakteristischen fächerförmigen Blätter an den Enden von Kurztrieben.

Die in der Reife gelben bis orangegelben, saftigen Früchte riechen ziemlich unangenehm nach Buttersäure, die an Schweißfüße erinnert.

seiner flächigen Laubblätter – näher mit den heutigen Nadelbäumen verwandt als mit den Laubbäumen.

VORKOMMEN heimisch in China, im Bereich des Yangtsekiang-Flusses; in Europa als Zier- und Parkbaum eingeführt

GRÖSSE bis zu 30 m hoher Baum

VERWENDUNG In China und Japan werden die großen Kerne der Früchte gerne geröstet und wie Nüsse oder Pistazien gegessen. Bei uns wurde der Baum, nicht zuletzt seiner prachtvollen Herbstfärbung wegen, ab dem 19. Jahrhundert zum beliebten Parkbaum. Neuerdings kultiviert man ihn an einigen Stellen Deutschlands sogar in Plantagen, um pflanzenmedizinische Präparate herstellen zu können. In seinen Blättern hat man nämlich einen Inhaltsstoff entdeckt, der die Gehirndurchblutung fördert.

Typisch

Die fächerförmigen, am äußeren Rand oft ein- oder mehrfach eingekerbten Blätter machen den Ginkgobaum unverwechselbar. Sie fühlen sich ledrig an und ihre Blattnerven sind gabelig verzweigt.

BLÜTEZEIT/FRUCHTZEIT

J	F	M	A	M	J	J	A	S	O	N	D

Hainbuche

Carpinus betulus

Entgegen ihrem Namen ist die Hainbuche oder Weißbuche keine Buche, auch wenn ihr glatter, grauer Stamm an den der Rotbuche (siehe Seite 224/225) erinnern mag. Schon ein Blick auf die völlig verschiedenen Früchte zeigt die fehlende Verwandtschaft. Anstelle von Bucheckern trägt die Hainbuche hängende »Ketten« geflügelter Nüsschen. Wenn die Früchte sich im Spätherbst einzeln vom Baum lösen, werden sie beim Fallen durch ihren asymmetrischen Flügel zum Kreiseln gebracht. Das verlangsamt ihren Sinkflug beträchtlich, sodass der Wind mehr Zeit hat, die Früchte weit zu verblasen.

BLÜTEZEIT/FRUCHTZEIT

J	F	M	A	M	J	J	A	S	O	N	D

Typisch

Die schmalovalen, stark zugespitzten Laubblätter haben einen doppelt gesägten Rand. Ihre Spreite wirkt durch tief eingesenkte Blattadern wie gefältelt.

Die männlichen Blüten sitzen aneinandergereiht in 4–6 cm langen, gelbgrünen Kätzchen, die im späten Frühjahr schlaff von den Zweigen herabhängen (Bild), während die weiblichen Blüten nur halb so lange Blütenstände bilden.

Vom Sommer bis zum Spätherbst hängen die kleinen, geflügelten Nussfrüchte wie aufgefädelt in langen Fruchtständen am Baum. Sie haben sich aus unscheinbaren, bleichgrünen weiblichen Blüten entwickelt.

VORKOMMEN in Laubmischwäldern, an Waldrändern, in Hecken

GRÖSSE bis zu 25 m hoher Baum mit dichter, rundlicher Krone

VERWENDUNG Das weißliche Holz der Hainbuche (daher auch der Name Weißbuche) ist das schwerste und härteste aller heimischen Hölzer. Es wird vor allem zur Herstellung von Parkett benützt, außerdem für Werkzeugstiele. Auch die Hämmerchen in Klavieren werden daraus gefertigt.

Wie plissiert sehen die jungen Blätter aus, wenn sie sich im Frühling aus ihrer Knospenhülle befreien.

Hängebirke

Betula pendula

Birken gehören zu den wenigen Bäumen, die jeder leicht erkennt, auch wenn sie im Winter ohne Laub dastehen. Ein Blick auf den Stamm genügt. Bei jungen Hänge- oder Weißbirken ist er noch ganz weiß, mit zunehmendem Alter reißt die weiße Rinde mehr und mehr auf und Streifen schwarzer Borke entwickeln sich. Das Weiß kommt durch Betulin zustande, eine Substanz, die die Rinde nicht nur färbt, sondern auch für Nässe undurchlässig macht. Das wusste man früher bei der Eindeckung von Dächern zu nutzen, indem man eine Schicht Birkenrinde unter die Schindeln oder das Reet legte. In Skandinavien werden die typischen Grasdächer vielfach heute noch auf diese Weise abgedichtet.

Während die bis zu 10 cm langen männlichen Blütenkätzchen schlaff herabhängen, stehen die weiblichen Kätzchen aufrecht auf den Zweigen wie kleine Kerzen.

Die rautenförmigen, am Rand doppelt gesägten Blätter sind im Gegensatz zu denen der Moorbirke (siehe Seite 222/223) zu einer langen Spitze ausgezogen.

VORKOMMEN in Feldgehölzen, an Waldrändern, auf Heiden, Mooren und Brachflächen, in Nordeuropa auch als großflächige, lichte Birkenwälder

GRÖSSE bis zu 20 m hoher Baum mit schlanker, kegeliger Krone

VERWENDUNG Das leichte und zugleich zähe, elastische Holz, das sich durch eine weißliche bis blass rötlichgelbe Tönung hervortut, ist für Möbelfurniere beliebt. Vor dem Zeitalter der Kunststoffe wurden auch allerlei Gebrauchsgegenstände daraus gefertigt, von Leitern, Stühlen, Skiern und Holzschuhen bis zu Wäscheklammern. Aus Blutungssaft, der sich im Frühjahr aus angebohrten Stämmen auffangen lässt, wird Haarwasser hergestellt, und Birkenblätter ergeben einen wirksamen Nierentee.

BLÜTEZEIT/FRUCHTZEIT

J	F	M	A	M	J	J	A	S	O	N	D

Typisch

Von den spitzwinkelig aufstrebenden Ästen hängen die Zweige locker bogig herab, die schlaffen Zweigspitzen wehen oft wie ein Vorhang im Wind.

Moorbirke

Betula pubescens

Die Moorbirke ist hart im Nehmen, Kälte und Nässe machen ihr nicht viel aus. Vor 10.000 Jahren, als in Mitteleuropa die Gletscher der letzten Eiszeit gerade zu schmelzen begannen, war sie der erste Baum, der die aufgetauten, nassen Böden wieder besiedelte. Die Verbreitung der Samen übernahm damals wie heute der Wind. Er lässt die kleinen Nussfrüchtchen, deren breite, häutige Umrandung wie ein Gleitschirm wirkt, oft über mehrere Kilometer davonsegeln. Noch heute ist die anspruchslose Moorbirke ein Pioniergehölz auf Kahlschlägen oder Brandflächen.

VORKOMMEN in Hochmooren, Nasswiesen und feuchten Laubwäldern; von West- und Mitteleuropa nordwärts bis Island und Sibirien, in den Alpen bis in 2200 m Höhe. Eine in den Mittelgebirgen vorkommende Form der Moorbirke, die eine eher bräunliche Rinde aufweist, wird als Karpatenbirke bezeichnet.

Als lange »Würstchen« hängen die männlichen Blütenkätzchen der Moorbirke von den Zweigen. Ein einziges solches Kätzchen kann rund 5 Millionen Pollenkörner in die Luft entlassen, die nachgewiesenermaßen bis zu 2000 km weit fortgetragen werden können.

GRÖSSE bis zu 25 m hoher Baum, nicht selten mehrstämmig, in Hochlagen der Gebirge auch oft nur strauchförmig wachsend

VERWENDUNG Das helle Holz wird ebenso wie das der Hängebirke für den Möbelbau verwendet, aber auch für Drechselarbeiten, zum Bau von Musikinstrumenten und für Sportgeräte. Aus den Blättern wird ein wassertreibender Nieren- und Blasentee bereitet, der Blutungssaft des Baums soll als Haarwasser gegen Schuppen wirken.

Typisch

Junge Zweige sowie Blattstiele tragen im Gegensatz zu denen der Hängebirke (siehe Seite 220/221) eine dichte, flaumige Behaarung.

BLÜTEZEIT/FRUCHTZEIT

J	F	M	A	M	J	J	A	S	O	N	D

Rotbuche

Fagus sylvatica

In einem Buchenwald hat kaum ein anderer Baum eine Chance. Zu dicht sind die Kronen der hoch gewachsenen, alten Rotbuchen, zu tief ist der Schatten, den sie auf den Waldboden werfen. Nur ihr eigener Nachwuchs kommt mit dem Lichtmangel zurecht und wächst in die Höhe, während andere Jungbäume zumeist glattweg verhungern. So war die Rotbuche über Jahrtausende hinweg die dominierende Baumart in Mitteleuropa – bis ihr in der Neuzeit die forstlich kultivierte Fichte und Kiefer den Rang abliefen.

Die ovalen, glattrandigen, oft gewellten Blätter färben sich im Herbst kräftig gelb bis rötlich hellbraun.

Die unscheinbaren, grünlichen Blüten erscheinen im Frühjahr zusammen mit den Blättern.

Die kantigen, braunen Nüsse, die Bucheckern, entwickeln sich in einem harten, stacheligen Fruchtbecher.

GRÖSSE 25–30 m hoher Baum, im Freistand etwas weniger hoch, dafür mit besonders breiter Krone

VORKOMMEN in Laubwäldern, vom Tiefland bis in etwa 1500 m Höhe; auf kalkhaltigen und tiefgründigen Böden

VERWENDUNG Das harte, schwere Holz, das eine rötliche Färbung zeigt und der Rotbuche ihren Namen gab, war früher vor allem ein begehrtes Brennholz. Heute werden die oft sehr geraden, makellosen Stämme gern zu Möbelfurnier verarbeitet, doch auch Treppen oder sogar Eisenbahnschwellen macht man daraus. Aufgrund der Biegfestigkeit eignet es sich besonders gut zur Verarbeitung bei Möbeln mit anatomisch geformten Elementen. Aus den Bucheckern, die im Herbst aus stacheligen Fruchtbechern ausfallen, lässt sich ein hochwertiges Speiseöl auspressen.

Typisch

Der gerade Stamm und die Äste tragen eine glatte, silbergraue Rinde, die auch bei sehr alten Bäumen höchstens am Stammfuß rissig wird.

BLÜTEZEIT/FRUCHTZEIT

J	F	M	A	M	J	J	A	S	O	N	D

Tulpenbaum

Liriodendron tulipifera

Mit seinen großen Blättern und den auffälligen, tulpenähnlichen Blüten stellt der Tulpenbaum das Schmuckstück eines jeden Parks dar. Für einen Vorgarten allerdings eignet sich dieser Magnolienverwandte eher nicht, auch wenn er bei uns gerade mal halb so hoch wird wie in seiner amerikanischen Heimat. Dort wachsen manche Tulpenbäume zu Baumriesen von 60 m Höhe heran und werden rund 700 Jahre alt.

Die großen Blüten erinnern an Tulpen. Ihre sechs blass gelblichgrünen Blütenblätter tragen an der Basis orangefarbene Flecken, die den Insekten den Weg zum Nektar weisen.

Die bis zu 20 cm großen, gelappten Blätter haben eine verkürzte Mittelrippe. Dadurch sehen sie aus, als hätte jemand mit der Schere die Spitze abgeschnitten.

VORKOMMEN beheimatet im Osten der USA, dort in Mischwäldern von der Ebene bis zu Berghängen; in Europa als Parkbaum gepflanzt

GRÖSSE in Europa etwa 20–30 m hoch werdender Baum mit gleichmäßig gerundeter Krone

VERWENDUNG In Amerika zählt der Tulpenbaum mit seinen mächtigen, sehr geraden Stämmen zu den wichtigsten Nutzhölzern. Sein wertvolles, hell olivbraunes Holz läuft unter der Handelsbezeichnung »Whitewood« und wird zum Bau von Möbeln, Wandpaneelen oder Booten verwendet. Wo der Baum natürlich vorkommt, bestand früher fast jedes Blockhaus aus diesem Holz.

BLÜTEZEIT/FRUCHTZEIT

J	F	M	A	M	J	J	A	S	O	N	D

Typisch

Die hellbraunen Fruchtstände sehen aus wie kleine, dicke Koniferenzapfen. Die daraus entlassenen Samen tragen häutige Flügel, die ihre Verbreitung mit dem Wind erleichtern.

Ahornblättrige Platane

Platanus × hispanica

Bastard-Platane, Hybrid-Platane oder Gewöhnliche Platane wird der weit verbreitete Straßenbaum auch genannt, denn er ist wohl aus einer Kreuzung zwischen der Amerikanischen Platane (Platanus occidentalis) *und der Morgenländischen Platane* (P. orientalis) *entstanden, vermutlich Mitte des 17. Jahrhunderts in London. Doch ganz sicher ist die Herkunft noch nicht geklärt. Obwohl ihre Elternarten nur an sehr feuchten Standorten wachsen, kommt unsere Hybrid-Platane im städtischen Umfeld, sogar mitten im Asphalt und Smog, bestens zurecht.*

VORKOMMEN wild wachsend in der Natur nicht bekannt; in ganz Mitteleuropa in Parks und entlang von Straßen angepflanzt

GRÖSSE bis zu 35 m hoher Baum, im Alter mit sehr dickem Stamm und dicken, weit ausladenden Ästen

Typisch

Die glatte Rinde löst sich in großen Platten ab, was den Baumstamm auffallend scheckig aussehen lässt.

VERWENDUNG Mit ihrem großflächigen, dichten Laub ist die Platane ein wirksamer Schattenspender. In Parks und an Promenaden wird sie nicht selten zu sogenannten Dachplatanen geformt, indem man bei jungen Bäumen den Haupttrieb entfernt und die Seitenäste durch Herunterbinden zu waagerechtem Wachstum zwingt.

BLÜTEZEIT/FRUCHTZEIT

J	F	M	A	M	J	J	A	S	O	N	D

Wie kleine, grüne Christbaumkugeln hängen die Blütenstände und später auch die Fruchtstände am Baum.

Aufgrund ihrer großen, handförmig gelappten Blätter wird die Platane häufig mit einem Ahorn verwechselt.

Flatterulme

Ulmus laevis

Die Flatterulme hat ein Faible für Wasser. Man trifft sie überall in den feuchten Auen entlang großer Flüsse, auch wenn der Boden dort oft überschwemmt ist. Mehr als 3 Monate kann sie im Wasser stehen, ohne Schäden davonzutragen. Manche Exemplare werden über 250 Jahre alt und wachsen zu mächtigen Bäumen heran. Oft bilden sich am Stamm sogenannte Stammausschläge, das sind Büschel dünner Zweige, die seitlich aus dem Stamm austreiben. Und erstaunlicherweise ist die Flatterulme vom Ulmensterben (siehe Feldulme, Seite 232/233) kaum betroffen.

VORKOMMEN entlang von Flussufern, in Auwäldern, in Mitteleuropa vor allem in den großen Stromniederungen, z. B. von Rhein oder Donau; auch in Parks gepflanzt

Wie bei allen Ulmen sind auch die Blätter der Flatterulme am Ansatz deutlich asymmetrisch.

GRÖSSE bis zu 35 m hoher Baum mit lockerer Krone

VERWENDUNG Das harte und schwere Holz hat eine graubraune Tönung. Aufgrund seiner schönen Maserung findet es als Furnierholz, für Möbel und für den Innenausbau Verwendung. Wie das Holz der anderen Ulmenarten wird es im Handel als Rüster bezeichnet.

Typisch

Schon bei einem leichten Windhauch flattern die geflügelten Früchte an den Zweigen heftig hin und her – was dem Baum den Namen Flatterulme eingetragen hat.

BLÜTEZEIT/FRUCHTZEIT

J	F	M	A	M	J	J	A	S	O	N	D

Die unscheinbaren Blüten entwickeln sich rasch zu dichten Büscheln bleichgrüner, geflügelter Nüsschen.

Bei der Reife nehmen die Fruchtflügel eine mehr oder weniger ausgeprägte Rotfärbung an.

Feldulme

Ulmus minor

So manche Gemeinde hatte früher eine mächtige Ulme auf dem Dorfplatz oder vor der Kirche stehen, so manche Feldflur wurde von einer Ulme beschirmt. Bis zu 600 Jahre lang konnte so ein Baumriese die traditionelle Kulturlandschaft prägen. Doch in jüngster Zeit hat ein winziger Feind vor allem die alten Feldulmen reihenweise niedergestreckt. Der unscheinbare Ulmensplintkäfer wurde als Überträger des Ulmensterbens identifiziert. Er überträgt einen mikroskopisch kleinen Pilz, der in die Wasserleitbahnen des Baumes eindringt und diese verstopft. Die Folge ist, dass das Laub welkt und der Baum binnen Kurzem abstirbt.

VORKOMMEN in Laubmischwäldern und Auwäldern, an Flussufern, auch als Feldgehölz; im Mitteleuropa vor allem entlang der großen Stromtäler, aber auch im Bergland bis in 1000 m Höhe

GRÖSSE bis zu 40 m hoher Baum

VERWENDUNG Das rötliche Holz, auch Rot-Rüster genannt, ist ebenso wie das der übrigen Ulmenarten ein begehrtes Möbel- und Furnierholz. Auch Parkett sowie Sportgeräte werden aus dem sehr harten, stoßfesten Holz gefertigt.

Typisch

Im Gegensatz zu denen der Flatterulme (siehe Seite 230/231) sind die geflügelten Nüsschen der Feldulme sehr kurz gestielt. Der häutige Flügel ist vorne bis zum Samen eingeschnitten.

BLÜTEZEIT/FRUCHTZEIT

J	F	M	A	M	J	J	A	S	O	N	D

Sommerlinde

Tilia platyphyllos

Zweifellos ist die Linde ein Baum, der uns viel Gutes spendet: Schatten am Dorfbrunnen, heilsamen Lindenblütentee gegen Erkältung, leckeren Lindenhonig und zur Blütezeit einen betörenden Duft für romantische Stunden. Dass er die Menschen auch einmal eingekleidet hat, kann man sich allerdings heute nur noch schwer vorstellen. Doch in der Steinzeit klopften die Menschen die langen Bastfasern aus seiner Rinde weich und flochten daraus Kleidungsstücke. Noch bis weit in die Neuzeit wurde der reißfeste Lindenbast zu Seilen und Matten verarbeitet.

Mit bis zu 12 duftenden Blüten fallen die Blütenrispen der Winterlinde ein wenig größer aus als bei der Schwesterart. Meistens stehen lediglich 5–8 Blüten beieinander.

Die kugeligen Nussfrüchtchen der Sommerlinde hängen in kleinen, meist aus nur 5–8 Nüsschen bestehenden Rispen an einem bleichgrünen Tragblatt.

VORKOMMEN in Hang- und Schluchtwäldern, an halbschattigen, luftfeuchten Standorten, vorwiegend in mittleren Gebirgslagen; wild relativ selten, aber oft als Park- und Straßenbaum angepflanzt

GRÖSSE bis zu 40 m hoher Baum, im Wald mit eher schmaler, im Freistand mit breit ausladender Krone

VERWENDUNG Das gelblich weiße, weiche Holz hat eine sehr gleichmäßige Struktur und ist deshalb für Schnitzarbeiten ebenso wie zum Bau von Musikinstrumenten sehr geschätzt. Die Lindenblüten sind als medizinische Tees ein altbewährtes Hausmittel gegen fiebrigen Erkältungskrankheiten.

BLÜTEZEIT/FRUCHTZEIT

J	F	M	A	M	J	J	A	S	O	N	D

Typisch

Sommer- und Winterlinde lassen sich gut auf der Unterseite der Blätter unterscheiden: Bei der Sommerlinde sitzen dort in den Nervenwinkeln weiße Haarbüschel, bei der Winterlinde rotbraune.

Zitterpappel

Populus tremula

Kaum weht ein leises Lüftchen, lässt sich an der Zitterpappel oder Espe das sprichwörtliche »Zittern wie Espenlaub« beobachten. Das rührt daher, dass die langen Blattstiele seitlich zusammengedrückt sind, was das Blatt bei jeder noch so leichten Luftbewegung hin- und herschaukeln lässt. Zittert erst einmal das ganze Laub des Baums, entsteht nicht nur ein flirrendes Bild, sondern auch ein eigentümlich surrendes Geräusch. Insbesondere, da Espen selten als Einzelbäume auftreten, denn sie bringen viele Wurzelsprosse hervor, die zu

Baumgruppen heranwachsen. Für die Verbreitung über weitere Distanzen sorgen dagegen Millionen winziger Samen, die an weißen Flughaaren hängen und im Frühsommer in ganzen Wolken vom Wind verblasen werden.

Die grünen weiblichen (Bild) und die grau-roten männlichen Blütenkätzchen hängen an verschiedenen Bäumen.

VORKOMMEN an Wald- und Wegrändern, auf Kahlschlagflächen und Brachland, in Kiesgruben und Steinbrüchen, an steinigen Berghängen

GRÖSSE bis zu 30 m hoher Baum mit lockerer Krone, an kargen Standorten auch oft nur als großer Strauch wachsend

VERWENDUNG Als anspruchsloses Pioniergehölz, das zudem ein sehr weitstreichendes Wurzelwerk hat, wird die Zitterpappel häufig als Erosionsschutz auf Halden und an Straßenböschungen gepflanzt. Früher wurden aus dem leichten Holz unter anderem die bekannten Holländerschuhe geschnitzt.

Die annähernd runden Blätter haben einen stumpf gezähnten Rand. Ihre dünnen Stiele sind mindestens so lange wie die Blattspreite.

Typisch

Die graubraune, glatte Rinde ist von großen Korkwarzen durchbrochen. Im unteren Stammbereich entwickelt sich eine fast schwarze, längsrissige Borke.

Graupappel

Populus × canescens

Wo Zitterpappeln (siehe Seite 236/237) und die verwandten Silberpappeln (siehe Seite 242/243) im selben Gebiet auftreten, kommt es häufig zu natürlichen Kreuzungen. Graupappeln werden diese Hybriden genannt. In ihren Eigenschaften liegen diese zwischen denen der Elternarten. So sind beispielsweise die Blattunterseiten bei der Silberpappel regelrecht weiß, bei der Zitterpappel grün und bei der Graupappel – der Name lässt es schon vermuten – grau.

Typisch

Weil die Blätter der Graupappel auf der Unterseite graufilzig behaart sind, erscheint der ganze Baum von der Ferne grau, insbesondere, wenn Wind die Blätter aufstellt.

BLÜTEZEIT/FRUCHTZEIT

J	F	M	A	M	J	J	A	S	O	N	D

VORKOMMEN wild von England und Belgien über das Oberrheingebiet und Süddeutschland bis Südosteuropa und Südrussland in Auwäldern, Flussniederungen und auf Brachland; in Mitteleuropa häufig gepflanzt

GRÖSSE bis zu 35 m hoher Baum mit ovaler Krone

VERWENDUNG Die raschwüchsige und anspruchslose Graupappel wird verbreitet als Straßenbaum angepflanzt, an den Küsten auch als Windschutzpflanzungen. Mancherorts hat man regelrechte Plantagen angelegt, um Nutzholz zur Zellstoffgewinnung heranzuziehen. Gerne wird ihr weiches Holz auch für allerlei Schnitzarbeiten genutzt.

Die Blätter können sehr unterschiedlich aussehen, von dreieckig bis annähernd rund und von bogig gezähnt bis fast glattrandig.

Die purpurroten männlichen Kätzchen, die hier gerade aus spitzen Knospen hervorbrechen, strecken sich zu 4–6 cm langen, herabhängenden »Würstchen«.

Wenn die hängenden Fruchtstände reif sind, springen die kleinen Kapseln auf und entlassen eine Unzahl winziger, mit weißen Flughaaren bestückter Samen in den Wind.

Schwarzpappel

Populus nigra

Eigentlich entwickelt die Schwarzpappel ja eine breite, lockere Krone mit oft etwas hängenden Zweigen. Doch in seiner Wildform trifft man den Baum bei uns nur noch selten an. Viel häufiger sieht man eine

Zuchtform mit steil aufragenden Ästen und daher extrem schlanker Krone, die sogenannte Pyramiden- oder Säulenpappel (Populus nigra *'Italica', Bild links). Weil die Äste und Zweige sehr biegsam und zäh sind, eignen sich die schlanken Baumgestalten sehr gut als Windschutz. Das wusste schon Napoleon, der per Dekret anordnete, diese Bäume entlang der Straßen zu pflanzen. Eigentümlicherweise gibt es von dieser Form nur männliche Exemplare, sodass sie stets über Stecklinge vermehrt werden müssen.*

Die ovalen bis dreieckigen Blätter haben eine lang ausgezogene Spitze. Ihre Ober- und Unterseite ist ungefähr gleich gefärbt.

VORKOMMEN die Wildform in feuchten Auwäldern, verschiedene Zuchtformen an vielerlei Stellen der Kulturlandschaft

GRÖSSE bis zu 30 m hoher Baum

VERWENDUNG Das weißliche Holz stellt ein wertvolles Möbelholz dar. Weil es sehr leicht, dabei aber durchaus unempfindlich ist, wird es auch zu allerlei Gebrauchsgegenständen verarbeitet. Schnitzer und Holzbildhauer wissen zu schätzen, dass es sehr gleichmäßig und leicht zu bearbeiten ist.

BLÜTEZEIT/FRUCHTZEIT

J	F	M	A	M	J	J	A	S	O	N	D

Typisch

Ältere Exemplare entwickeln eine dicke, tief längsrissige, dunkelgraue bis schwarzbraune Borke – daher der Name Schwarzpappel.

Silberpappel

Populus alba

Bei kaum einem anderen Baum passt der Name augenfälliger als bei der Silber- oder Weißpappel. Schon ein leichter Wind verwandelt die Baumkrone in ein flirrendes Spiel aus Hell und Dunkel und lässt den Baum aus der Ferne nahezu metallisch aussehen. Das liegt daran, dass die an langen Stielen schaukelnden Blätter auf der Unterseite ausgeprägt weiß sind. Im Frühsommer setzt der Baum in punkto

Typisch

Während das Laub junger Bäume tief und ungleichmäßig gelappt ist, nehmen die Blätter älterer Bäume zunehmend eine ovale Form an.

Eine weißfilzige Behaarung lässt die Blattunterseite in deutlichem Kontrast stehen zur glänzend grünen Oberseite.

Weiß noch eins drauf. Dann nämlich, wenn seine unzähligen Samenstände sich öffnen und Millionen winziger, mit weißen Flughaaren ausgestatteter Samen freigeben. An windstillen Tagen sehen seine Zweige dann aus wie in Watte gepackt, beim ersten Wind treiben weiße Flocken durch die Luft, als würde es schneien.

VORKOMMEN in feuchten, aber nicht regelmäßig überschwemmten Auwäldern, vor allem in den großen Flussniederungen; auch auf trockenen Sandböden, dann häufig mit strauchförmigem Wuchs; oft auch als Zier- und Parkbaum gepflanzt

GRÖSSE bis zu 35 m hoher Baum mit lockerer, meist etwas unregelmäßiger Krone

VERWENDUNG Wie das Holz der übrigen Pappelarten ist auch das der Silberpappel ein begehrtes Möbel-, Drechsel- und Schnitzholz. Weil Pappeln aber zudem zu den am schnellsten wachsenden heimischen Hölzern zählen, wird ihr Holz auch zu einem großen Teil zu Spanplatten, Sperrholz und Papier verarbeitet.

BLÜTEZEIT/FRUCHTZEIT

J	F	M	A	M	J	J	A	S	O	N	D

Lange vor dem Laub hängen die rötlichen Blütenkätzchen der Pappel an den Zweigen.

Roteiche

Quercus rubra

Vor allem im Herbst sind Roteichen kaum zu übersehen. Ihre bis zu 25 cm großen Blätter entfachen dann ein Feuerwerk an Orange- und Rottönen. Schon Anfang des 18. Jahrhunderts wurden die Neubürger aus Amerika deshalb gern als Alleebaum gepflanzt. Weil die starken, weitreichenden Wurzeln aber den Asphalt stark anheben, kam man von der Verwendung als Straßenbaum heute wieder ab. Als Forstbaum jedoch hat sich die Roteiche durchgesetzt – und macht sich auch außerhalb der Kulturflächen bei uns breit. Vor allem die Eichelhäher, denen die amerikanischen Eicheln ebenso gut schmecken wie die heimischen, sorgen für die Verbreitung des Baumes.

Die großen, in spitzzipfelige Lappen geteilten Blätter tun sich vor allem durch eine prächtige Herbstfärbung hervor.

Die pummelig rundlichen Eicheln sitzen in einem flachen, nur ganz kurz gestielten Fruchtbecher.

VORKOMMEN heimisch im östlichen Nordamerika, bei uns als Forst- und Parkbaum gepflanzt, vor allem im Hügel- und Bergland

GRÖSSE bis zu 25 m hoher Baum mit breit ausladender Krone

VERWENDUNG Die überaus schnellwüchsige Roteiche wurde in Europa vielerorts als Forstbaum gepflanzt, weil sie als Neubürger nicht so stark von den heimischen Schädlingen befallen wird. Da er mit seinen tiefreichenden Wurzeln fest verankert steht, setzt man den Baum auch gern an den Waldrand, um Sturmschäden zu mindern. Das Holz wird wie das von heimischen Eichenarten verwendet, gilt aber als weniger wertvoll.

Typisch

Bei der Roteiche sitzen rund ums Jahr Früchte an den Zweigen. Die rundlichen Eicheln kommen jeweils erst in ihrem zweiten Jahr zur Reife und fallen ab.

BLÜTEZEIT/FRUCHTZEIT

J	F	M	A	M	J	J	A	S	O	N	D

Traubeneiche

Quercus petraea

Nicht nur das harte, beständige Eichenholz war früher ein unentbehrlicher Werkstoff, mindestens ebenso wichtig waren die stärke- und fettreichen Eicheln. Jahrhundertelang trieben die Bauern ihre Schweine in den Wald, damit sie sich an den begehrten Früchten mästen konnten. In Notzeiten überlebten auch die Menschen oft nur dank der Eicheln, aus denen sie Mehl mahlten und Brot buken oder zumindest das Getreidemehl damit streckten. Noch im Zweiten Weltkrieg gab es verbreitet dieses »Hungerbrot«.

Typisch

Während die Eicheln praktisch ohne Stiel am Zweig sitzen, haben die derben Laubblätter einen mehrere Zentimeter langen Blattstiel.

VORKOMMEN in Laub- und Mischwäldern; in ganz Mitteleuropa weit verbreitet, vom Flachland bis zum Hügelland; überall auch häufig als Forst- und Parkbaum angepflanzt

GRÖSSE bis zu 30, manchmal sogar 40 m hoher Baum mit breiter, oft etwas unregelmäßiger Krone

VERWENDUNG Wie schon seit ältester Zeit ist Eichenholz ein begehrtes, da ungemein widerstandsfähiges Bauholz, aus dem man Eisenbahnschwellen, Hafenkais, Fässer und Dachstühle, aber auch Fussböden und teure Möbel macht.

BLÜTEZEIT/FRUCHTZEIT

J	F	M	A	M	J	J	A	S	O	N	D

Büschelweise hängen die zarten, gelblichgrünen männlichen Kätzchen von den Zweigen, während sich gerade das frische Laub entwickelt.

In nahezu ungestielten Bechern sitzen die Eicheln am Baum, wobei sie meist dichte Gruppen bilden – was zum Namen Traubeneiche geführt hat.

Stieleiche

Quercus robur

Die in Mitteleuropa nicht nur häufigste, sondern auch am weitesten verbreitete Eichenart entwickelt mächtige Bäume. Exemplare mit einem Alter von 500–800 Jahren und einem Stammdurchmesser von 2 m sind keine Seltenheit. Allerdings wachsen die heimischen Eichen sehr, sehr langsam – zu langsam für die moderne Forstwirtschaft.

BLÜTEZEIT/FRUCHTZEIT

J	F	M	A	M	J	J	A	S	O	N	D

Typisch

Genau entgegengesetzt wie bei der Traubeneiche (siehe Seite 246/247) haben bei der Stieleiche die Früchte einen langen Stiel, die Blätter hingegen praktisch keinen.

Zur Blütezeit sieht man vor allem die lang herabhängenden männlichen Kätzchen, während die weiblichen sehr unscheinbar an der Spitze der Jungtriebe stehen.

Die ovalen Eicheln sitzen meist zu zweit oder dritt an langen Stielchen. Ihre Fruchtbecher umschließen etwa ein Drittel der Frucht.

Dabei kann man mit einem alten, gerade gewachsenen Eichenstamm, der makelloses Furnierholz ergibt, ein Vermögen erzielen. Mehrere 10.000 Euro sind für solche Stämme schon gezahlt worden. Doch liegen bei sogenannten Furniereichen mindestens 250 Jahre zwischen Pflanzung und Fällen.

VORKOMMEN in Laub- und Mischwäldern, vorwiegend vom Tiefland bis zum Hügelland; verbreitet als Nutzwald wie auch in Parks angepflanzt

GRÖSSE bis zu 40 m hohe Bäume mit breit ausladender Krone

VERWENDUNG Eichenstämme finden seit Jahrhunderten als teures Bau- und Möbelholz Verwendung. Weil das Holz auch im Wasser gut haltbar ist, waren die großen Schiffe der frühen Entdecker und Eroberer ebenso aus Eichenholz wie die Handelsflotten der Hanse und anderer Kaufleute und wie heute noch Schiffsstege und Brücken. Die gerbstoffreiche Rinde junger Bäume wurde früher zum Gerben von Leder genutzt, die nährstoffreichen Eicheln als Viehfutter und (zur Not) als Mehlersatz fürs Brot verwendet.

Bildnachweis

Cover: Oliver Giel
U4: Biosphoto, Blickwinkel, Getty Images
Illustrationen auf den Klappen: Patricia Kestel; Kestel Concept & Design

A1Pix: 71-2, 117-1, 126-2, 152, 153-1, 154, 169-1, 216, 237-2, 241; **Agentur Focus/ SPL:** 90, 174, 179-2; 181, 212; **Alimdi:** 113; **Arco Images:** 17-1; **Beat Ernst:** 193-2, 221-2; **Bildagentur online:** 190; **Bildstelle:** 115-1, 183; **Biosphoto:** 44-45, 50, 57, 67, 69, 72, 73, 80, 81-1, 85-2, 89, 91, 92, 93, 94, 97, 100, 101-2, 105, 107-1, 108, 111-1, 112, 116-1, 120, 124, 126-1, 131-2, 133, 136-1, 139-1, 140-1, 143-1, 149-2, 153-2, 162, 163-2, 164-2, 167-2, 168, 169-2, 180-181, 194, 201-1, 208, 228, 229-1, 232-2, 235-2, 236, 237-1, 246, 249-2; **Blickwinkel:** 17-3, 31-1, 58, 59-2, 62, 78-79, 107-2, 136-2, 140-2, 158, 182, 215; **Comet Photoshopping**: 17-4, 207; **ddp:** 159-1; **DFJV Bildportal:** 53, 175-1, 188, 196-2, 203-2, 211, 222, 227-1, 247-2; **DocStock:** 186-2; **dpa:** 39, 209-1; **dpd Images:** 39, 46, 139-2; **F1-online**: 7, 30-2, 95-1, 195-1, 204; **Flashmedia**: 9, 29-2, 41; **FloraPress**: 17-2, 29-1, 31-2, 36-1, 45, 55, 61-2, 118-119, 178, 195-2, 199, 200, 217-1; **FLPA**: 123; **FotoNatur**: 248; **Fotofinder:** 6; **Fotofinder/ Arco Images**: 68; **Fotofinder/Wildlife:** 54; **GAP:** 61-1, 63, 65-1, 65-2, 74, 75-2, 76-1, 76-2, 77, 84, 87-2, 96, 102, 109, 125-2, 127, 143-2, 145-2, 145-2, 146-1, 148, 172, 173, 185-1, 201-2, 243-1, 244-2; **GAP/Florapress:** 47, 86, 99,151-2; **Garden World Images:** 15-2, 240; **Getty Images:** 10-11, 19, 35, 220, 223, 229-2; **Hippocampus Bildarchiv/Frank Teigler:** 59-1, 75-1, 83, 87-1, 103-1, 110, 111-2, 117-2, 125-1, 129-2, 135-1, 142, 147, 151-1, 155-1, 155-2, 161-1, 161-2, 167-1, 179-1, 187, 196-1, 203-1, 210-1, 210-2, 219-1, 219-2, 231, 232-1, 238-2, 239-1, 239-2, 247-1; **Horizon Features:** 134, 135-2, 197; **Imago Sportfoto:** 13-2, 20, 30-1, 163-1, 170, 227-2; **Jump-Foto:** 156-157; **Lavendelfoto:** 185-2, 225-1; **Look Foto**: 60; **Mauritius Images:** 32, 33, 38, 177, 213, 230-231; **Medicalpicture:** 221-1; **Peter Nishitani/Nishitani-Illustration:** 27-1; **Nature Picture Library:** 4-5, 48, 51, 114, 117-1, 141, 149-1189, 206, 214-215, 224, 242, 244-1, 249-1; Okapia: 95-2, 132, 193-1, 202, 234; **Photolibrary/getty Images:** 64-6566, 71-1, 88, 98, 103-2, 104, 106, 115-2, 121, 138, 144, 146-2, 159-2, 164-1, 165, 171, 175-2, 184, 192, 225-2, 226; **Photoshopping:** 56; **Photoshot:** 217-2, 233; **Plainpicture:** 21; **Prisma:** 16, 17-4, 36-2, 52, 85-1, 128, 131-1, 166, 176, 191, 198-1, 198-2, 205, 218-2, 235-1; **Shutterstock:** 137; **SPL:** 81-82; **Friedrich Strauß/Martin Staffler:** 186-1; **Stock4B:** 12; **Topic-Media**: 49, 101-1, 129-1; **Ullstein Bild:** 13-1, 27-2, 40; **Vario Images**: 15-1, 22, 25, 28, 82, 130, 150, 160, 218-1; **Visions/Florapress:** 209-2, **Visum:** 18; **Waldhäusl:** 122; **xxpool**: 8, 24, 42-43, 245; **Zoonar:** 1, 14, 23, 70, 238-1

Service

Adressen

Deutschland

Bundesamt für Naturschutz, Konstantinstr. 110, D-53179 Bonn, www.bfn.de

Naturschutzbund Deutschland e.V. (NABU), Postfach, D-10108 Berlin, www.nabu.de

Österreich

Naturschutzbund Österreich, Museumsplatz 2, A-5020 Salzburg, Tel.: +43 662 642909, www.naturschutzbund.at

Schweiz

Pro Natura, Dornacherst. 192, Postfach, CH-4018 Basel, Tel. +41 61 317 91 91, www.pronatura.ch

Giftnotrufzentralen

Deutschland

www.gesundheit.de/rat-hilfe/giftnotruf

Österreich

Vergiftungsinformationszentrale, Währinger Gürtel 18-20, A-1090 Wien, Tel.: +43 1 4064343 (Notruf), www.meduniwien.ac.at

Schweiz

Schweizerisches Toxikologisches Informationszentraum, Freiestr. 16, CH-8028 Zürich, Tel.: 145 (Notruf), www.toxi.ch

Internet

www.naturgucker.de
www.tedac.de/ext/altebaeume
www.baumkunde.de
www.gehoelze.ch

Bücher

Kühn, S., Ullrich, B., Kühn, U.: *Deutschlands alte Bäume; BLV Verlag, München*

Hecker, U.: *BLV Handbuch Bäume und Sträucher; BLV Verlag, München*

Zeitschriften

natur + kosmos*, das Magazin für Natur, Umwelt, nachhaltiges Leben; Konradin Medien, Leinfelden-Echterdingen*

Impressum

Wichtiger Hinweis

Die Daten und Fakten dieses Ratgebers wurden mit äußerster Sorgfalt recherchiert und geprüft. Dennoch kann keine Garantie übernommen werden. Eine Haftung des Verlages für Personen-, Sach- und Vermögensschäden ist ausgeschlossen. Beim Bestimmen in der Natur müssen stets alle Merkmale beachtet werden.

Die Autorin **Dr. Helga Hofmann** studierte Biologie und Chemie und war viele Jahre als wissenschaftliche Mitarbeiterin am Botanischen Institut der Universität München tätig. Seit Langem macht sie es sich zur Aufgabe, das Wissen über die Natur einer breiten Öffentlichkeit nahezubringen. Sie ist Verfasserin zahlreicher Bücher über Tiere und Pflanzen und deren Lebensweisen und engagiert sich für den Natur- und Artenschutz.

Umschlaggestaltung und Layout:
Independent Medien-Design, Horst Moser, München

Herausgeber: Georg Kessler

Projektleitung: Regina Denk

Redaktionelle Mitarbeit: Anne-Katrin Wahler

Bildredaktion: Daniela Laußer, Petra Ender (Cover)

Herstellung: Petra Roth

Satz: wortundart, Janette Schroeder, München/Berlin

Repro: Longo AG, Bozen

Druck und Bindung: Stürtz GmbH, Würzburg

Printed in Germany
ISBN 978-3-8338-2609-2

1. Auflage 2012